實　用

知　識

寶鼎出版

網路創業
勝經

網路行銷大師的13堂創業課，
讓你的點子變現金，
走上自主職業生涯

TWO WEEKS
NOTICE

Find the Courage to Quit Your Job,
Make More Money,
Work Where You Want,
and Change the World

AMY PORTERFIELD

艾美‧波特菲爾德———著 溫力秦———譯

荷比，
即便缺乏具體證據，
你總是把我看得「很了不起」，
感謝你從一開始便對我充滿信心，
特別是我剛創業那段自信不足的日子。
我愛你。

目次
CONTENTS

你當家做主

十四年前，我和當時的老闆，也就是顛峰表現教練湯尼·羅賓斯（Tony Robbins）去和一群頂尖的線上企業家開會。當年湯尼試圖以更強勁又更具戰略的途徑在線上推出產品，因此想向最厲害的人士請益。結果並沒有令人失望；我們位在聖地牙哥的辦公室裡請來了十幾位專家，他們都是打造、擴大和發展線上企業的佼佼者。

即使今日的我或許會以專家身分受邀參加那種會議，但當時我只是一個被叫去做會議記錄的組員而已。沒有人知道那場會議會對我的人生產生骨牌效應。

桌邊的男人——那些專家全都是男性——一個接著一個開始述說自己的故事。這位經營的事業跟約會技巧有關，那位創立了分享股票市場策略的事業，又有一位專門培養未來的房地產投資人。這些專家的生意各不相同，但都可以用一個詞彙來歸納每個人故事中的共同

點，那就是「自由」。有人財務自由、有人生活方式自由、有人則是創意自由：無論如何，他們全都「自由」。

　　自由這二字在我耳裡迴盪，我的心臟愈跳愈快。過去我不曾想過可以在自己的職業生涯中發號施令，現在這個念頭令我興奮不已。我能隨心所欲，在任何時間和地點用任何方式工作嗎？這些專家傳授的線上商業模式管用嗎？

　　他們如何闖出現在的事業我毫無概念，我心想，**不過我也想過這種生活**。

　　過去我未曾多想線上行銷的東西。我手裡做著筆記，不過並沒有認真聆聽專家們談論的內容。坐在會議室角落的我，思緒一直盤旋在「我現在不自由」這個念頭上，我突然意識到，也許我從未真正自由過。這些男人照自己的意思開闢他們的路，在世界上創造價值，而我呢？我總是按照全由別人設計好的腳本行事，甚至連這些腳本是誰寫的都搞不清楚，但肯定絕對不是我。有一點很明確：我願意做任何事來改變自身處境。從那一天起，我便踏上了追尋之路，試圖找出如何主宰自己的人生。這表示，我的第一優先要務就是自己創業當老闆。

　　這樣做會碰到什麼挑戰呢？那就是我對如何著手毫無概念；沒有相關的指南、大學課程，也沒有培訓教你如何推出自己的線上事業。而且更不樂觀的是，我沒見過任何女性這樣做。不過即便在當時，我

也不想照著那些男性前輩的路走，我想打造的是和我這個人以及我本身獨有的挑戰、特質和作為女性人生經驗「百分百」契合的事業。

雖然有不少人出書，號稱傳授開創線上事業的技巧，不過我發現那些書的內容多半都太籠統。諸如「創立事業」、「想出絕佳點子進行測試」、「打造粉絲團」之類的建言都過於模糊，並非從實際創立事業時經過千錘百鍊且證實有效的流程中衍生而來，恐怕只會讓人一直在做美夢和蜻蜓點水之間擺盪。這些建言也沒有提供必要且實用的框架，讓人能夠採取具體行動，真正邁出他們創立事業的第一步。此外，創業講求的是在戰略與心態之間尋求平衡，我雖然可以提供各位所有必備的成功策略（這也是我打算要做的），但如果你在創業過程中不去覺察自己的心境與感受，就會很容易將自己置於挫敗不已、難以招架的處境之中。

這是我從個人經驗中得到的教訓。我曾經是個坐在辦公室小隔間的女孩，明明知道自己不只如此，但多年來總是害怕得不敢承認。我恐懼到做不了改變，再加上信心不足，沒辦法相信自己真的做得到。後來，我終於鼓起勇氣辭職，離開穩定的工作，自立門戶，那種感覺就像在沒有藍圖的情況下興建摩天大樓一樣。結果呢？我歷經了多年慘不忍睹的失敗和嚴重的自我懷疑。我一敗塗地的次數多到數不出來。這就是我寫這本書的原因：我想給各位一張我當初缺少的路線圖。我會在你勇敢邁開步伐、遞出辭呈之後，引導你走過心態上的各種轉變，實際探索每一步，幫助你創立自己的線上事業，自己當老

闊，並且發揮超乎你想像的影響力，也讓你賺得更多。

我到目前為止已經打造了八門成功的數位課程和一個在排行榜上名列前茅的播客節目，協助女性開創線上事業。我從公司小妹晉升到身價八位數美元的創業者，這趟旅程走來歷經太多起伏不定和慘痛的教訓，只是我不好意思承認。然而一切都是值得的──如此一來我才有機會告訴「你」該如何依樣畫葫蘆。

我在三十一歲那年辭去最後那份朝九晚五的工作，創立自己的事業。在那之前，我做過無數的工作，包括非營利組織的活動規劃師、出版業的銷售協調員到哈雷機車經銷商的行銷經理等等。至少可以說，我做過許多工作，無論是好是壞，這些經驗都滋養了我自己當老闆這個最狂野的冒險。

我現今的事業，是藉由轉換心態搭配有實效的行銷策略，教導初闊天下的創業者如何找到勇氣，大膽開創自己的事業。只要他們勇敢踏出這一步，我會傳授他們現代化的行銷策略，專攻收集潛在客戶的名單、電郵行銷、線上產品推出和數位課程設計等方向，協助他們打造蓬勃發展又可獲利的事業。我之所以有辦法創立數千萬美元的事業，是因為我從一開始就打下了穩固、清晰且根植於我價值觀、技能、長處與理想的地基。

經過多次起步受挫、重大錯誤和慘痛的教訓之後，現在我的人生百分百正是我所設計的樣貌──我是一個當家做主的女性。這都要歸功於我開創了線上行銷教學課程，所以有時間做最重要的事情，也

有方法可以做自己想做的事情。我只做自己喜歡的案子；想度假就度假，時間長短隨我高興；我也有財力住自己喜歡的地方，有錢可以捐給我十分重視的慈善事業。而且最重要的是，我已經打從心底體會到十多年前那些男人在會議室裡談論的「自由」是什麼意思。

我深切渴望能看到更多女性——被邊緣化的女性、各種膚色的女性，還有不同經濟背景、宗教信仰和性取向的女性——擁有權力、主宰局面、創造更大的影響力、賺更多錢，照自己的方式開闢自己的道路。我相信我們一定能夠為自己以及跟隨我們腳步的女性打造更美好的未來，一個可以要求應得的尊重、認可和自由的未來。我們相互支持，就能攜手將我們砸碎的玻璃天花板化為時間，然後再一次用這些時間轉化為我們立足的基石。

問題和解方

我們面對現實吧：即使在當今這個時代，對很多人來說職場性別平等依舊是遙不可及的事。全球勞工中，女性占四七·七％[1]，但從標準普爾五百大公司的執行長職位來看，女性僅占六·四％[2]。男性在早期職涯階段的升遷率比女性高三〇％[3]。女性薪資薪水只有男性同事的八二％，而有色女性的狀況更糟，她們的薪資只有男性同事的七一％[4]。此外，STEM領域五〇％的女性最終會因惡劣的工作環境而離開

工作[5]。

難怪從教師、治療師、服務提供者到公司經理等各種工作職位的女性，都覺得自己卡關、未充分受到賞識、工作熱情低落、過勞，而且薪資過低。這個問題並不是換個新工作就能輕易解決，也許短期內你會覺得好過了一些，但時間一久，那些挫折和不滿的情緒還是會慢慢爬回來。

如果你覺得卡關了，你並非特例。我也曾經歷過你現在的感覺，陷在一個我拚命想掙脫的處境之中，而且對於該如何轉變感到十分迷惘。後來我發現，創立自己的線上事業就是終極解方，也是唯一「真正」的解決之道，因為這條路可以讓你當自己的老闆，發號施令，同時又能擺脫性別鴻溝、玻璃天花板和惡劣的職場。

我所謂的「創立自己的事業」，指的是以你設計的方式過生活，換句話說，就是打造某種可以讓你怦然心動、影響他人、激發創意，並且可以掌控自己未來財務的東西。當你開始用自己的規則生活、用自己的看法做主時，你的人生就會有截然不同的改變。

我與成千上萬的學生——大部分是女性——合作後發現，通常有二個巨大的挑戰阻礙他們放膽決定自行創業。首先，你必須鼓起勇氣承認自己對目前的處境感到不滿、你想要的不只如此。第二個挑戰是不知道該從何著手。

我花了好幾年的時間，才承認自己渴望更好的職場生活。每當我大膽夢想要自己當老闆時，心裡馬上就會想：「這樣做似乎太冒險

了，如果我失敗了怎麼辦？而且我現在的工作沒得挑剔又很穩定。如果我賺不到錢怎麼辦？我應該心存感恩才對！更何況我不太懂怎麼出去創業，會不會到時候落得求人家讓我回來工作？」

這種會麻痺動力的自我懷疑阻礙了許多女性去追逐夢想。不過就我的觀察，這種恐懼的來源與現實無關，反倒是出於更深層的問題。在內心深處，有這麼多女性相信自己不夠好，才華不足、聰明不足……老天，這種「不足」可以無限列舉下去。

但如果你就讓自己把握住這個機會呢？如果你堅信自己真的應該得到更多呢？這會對你其他生活領域產生什麼意義？你會不會漸漸相信在婚姻中你值得擁有更多？你的友誼呢？你和自己的關係呢？

再來就是第二個挑戰。**我應該採取哪些實際的步驟，才能將渴望擁有更多的心情轉化成具體可行的事業呢？別人會怎麼想？我要賣什麼？誰會跟我買？我如何擴大目標客群？如何挪出時間著手進行？我有辦法獨立完成嗎？**面對一連串耗費心神的未知，足以讓公司小妹馬上退回她的小隔間。

我會在本書提供具體又容易按圖索驥的網路創業指南。各位在這趟旅程中會學到應該採取哪些最重要的行動，才能建立穩固的商業基石，以利日後繼續壯大和拓展事業規模，目標在於從一開始就用正確的方式來進行。我們將著眼於最重要的步驟，幫助你大膽一試，從當前的處境踏進創業領域，同時執行具有實效的成功策略，包括覓得目標受眾、因應社群媒體、打造動人的內容、擴充電子郵件訂閱者清

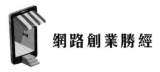

網路創業勝經

單，以及建立可獲利的方案來賺錢。從2到12章皆附有「實作行動」活動，讓你直接感受到這一路走來每一步所推動的「進展」。

這本書裡面準備了許多可行的步驟，也能夠在恐懼及疑慮從四面八方湧來時給予你鼓勵，穩住你的心情，真希望我當初想方設法鼓起勇氣自行創業時，手上也有這樣的指南書可參考。書中所言並非一堆隨機拼湊而成的建議；它是我傳授多年的「藍圖」，對各行各業的女性都有實證效果。這本書的內容和本身就是一種歷程，我也鼓勵各位給自己一點時間和空間逐步執行你所學到的知識。就性質而言，本書不是那種只需一個週末快速讀過去的指南，然後你就可以繼續去讀待閱清單上的下一本商業大作。如果不給自己時間和空間去執行我為你準備的各項策略，你會錯過神奇的魔法！你必須付諸實際行動，我也會一步步向你展示如何進行。請把本書當作圖鑑來使用；拿出螢光筆標出最重要的段落，看到最能引起你共鳴的那一頁就把頁角摺起來，全心全意沉浸其中！切記，別匆匆帶過；坦白說，還請盡量慢慢來。畢竟這是在打造自己設計的人生與事業，如此偉大的事自然需要時間。

最終結果是什麼呢？那就是「你」會當自己的老闆。「你」會突破玻璃天花板，「你」會發揮更大的影響力、賺到更多錢，超乎你的想像。「你」會體驗到無窮的可能性和機會，雖然現在感覺像遙遠的夢想，但是——我敢保證！——很快就會實現。

你絕對有能力實現你的夢想事業和生活方式，我會陪伴在你身旁，一路守候你，為你加油打氣。

決定關頭

⇒ 讓夢想變成現實

　　大概在我離職的半年前，我和公司一位高層的對話，對我產生了決定性的影響。當時公司正在壯大，所以雖然聽起來或許有點違背常理，但為了騰出空間因應新的變化，我們關閉了幾條賺錢的事業線，好幾個已經策劃數月的案子都改弦易轍，要不就是整個就此喊停。

　　差不多在那個時候，湯尼・羅賓斯要去《今日秀》（*The Today Show*）受訪。湯尼有一個獨特之處，他上媒體前會特別做準備；換言之，這位先生事前會做足功課。在團隊的協助下，他不僅對訪談主題進行嚴謹的研究和準備，還會一併深入瞭解採訪者及其他受訪嘉賓。他很重視媒體採訪，從不便宜行事。

　　這次訪談也不例外。但麻煩的是，原本該為這次訪談蒐集各種研究資料的組員一直忙著處理家裡的急事。等到了最後關頭，那位同事很明顯沒辦法支援湯尼時，他們要求我接手處理。我大概有五分鐘的時間來熟悉訪談主題並研究具體的細節，這時我的電話響了。

那是副總打來的，她想瞭解訪談要點、誰負責訪問湯尼等等，可是我還沒準備好這些資訊，便向她解釋自己五分鐘前才剛被指派這個案子。

「可是你昨天參加了內容會議，對吧？」她強硬地問道，失望的口氣從電話那頭滲透過來。

「沒有，」我回答：「我最近從內容部門轉調到新的行銷職務，現在我是行銷團隊的組員。」

「艾美，」她說道。「這太荒謬了，你又**不是**行銷！」

我瞬間僵住，接著眼淚就滑下了臉頰。她那句話擊潰了我。

我不明白她那天為什麼要這樣講話。我們當時都處在一種緊繃又趕時間的狀態，她對我為什麼在行銷團隊感到困惑，因為在她的認知裡我一直都是做內容工作。然而事實上，她的意思真的不重要，這個故事的重點在於「我如何解讀她的話」，還有我的整個創業旅程差一點因為這件事而觸礁。我把「你又不是行銷」解讀為「你一無是處」、「你將來絕對沒辦法自立門戶」和「你以為你是哪根蔥」的意思。本來我可以任由這些想法和那一刻改變我的預訂計畫，但我沒有這樣做，反而將之視為宇宙給我的「刺激」，為的就是促使我做出新的決定，而我也確實這樣做了。我立刻加倍努力執行我的離職策略，將這次經驗當作繼續前進的動力。

　　我的學生們也有類似的故事。珍妮「想通」的那一刻，是在她花了半年時間投入某個活動後出現的。這段漫長又沉悶的期間，她曾住在飯店客房數週，錯過許多家庭活動，譬如她女兒重要的舞蹈演出，也經歷了前所未有的焦慮狀態。後來，她從電子郵件（她碰巧被副本抄送）看到這個案子被取消，活動將調整成其他方向的消息。她沒有把心思拿來哀嘆自己失去的時間以及為了案子加諸在身上的壓力，反倒立刻打開行事曆，選好她要離職的日期。（這個部分我會在第2章教各位怎麼做！）

　　安妮工作三十多年後，有機會選擇新路徑的那一刻，是在老闆告知她已被裁撤的那天。三年後，安妮**仍在**尋尋覓覓其他公司的工作，直到她丈夫對她說道：「聽著，親愛的，你本來就應該擁有比這些工作更好的東西。」於是她決定冒險一試，追隨夢想，打造她自己的事業「花色設計學院」（The Pattern Design Academy），這個課程計畫歡迎任何想探索線上藝術領域且正在尋思人生下一步該怎麼走的人。

　　蘇離開職場七年照顧孩子，她的另一半做全職工作。當她準備再次踏入職場時，不敢相信外面的世界變化這麼大。她去應徵了自己根本不喜歡的工作，必須在比她資淺的人底下做事，結果經歷一堆糟糕的面試之後，她重新做決定的契機終於來到；她決定那種工作**不會**成為她的現實。儘管對自立門戶感到驚惶，但直覺告訴她一定要創立自己的事業。如今，蘇已經成功擁有一家以女性和投資為主的教育訓練公司。

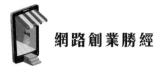

如果你覺得以上情況似曾相識，那麼你來對地方了。為自己工作意味的是從此不必再面對那些令人感到丟臉、屈辱和沮喪的時刻，也意味著你會體驗到截然不同的人生，讓你能夠根據心目中最重要的事物來設計自己的工作。同時這也表示，至少在一開始的時候，你要拿出這輩子最大的幹勁來努力。不過請相信我，這一切百分百值得。

首先，第一步就是「決定」你要創業；如果你沒有這種打算，我想你不會讀這本書。不過，為自己做出選擇是一定要做的事，但請切記，決心創業未必就表示你不會對自己的未來或是否有能力成功產生疑慮、恐懼和擔憂。決心創業只是代表你相信自己和自己創業能力的成分比不相信「多了那麼一點點」。

我再快速補充一下：假如你已經辭掉工作或請休假了，又或者你已經有一個事業，但依然覺得自己像在為別人工作，那麼你來對地方了。也許你的創業旅程走得更遠一些，但就像我個人和我多數同行伙伴一樣，你在起步時沒有指南可供參考，這表示你這一路走來大概會錯過幾個重要的步驟，因此你預計要創造的影響力和收入更難實現。假設是這種情況，還請以新手的心態來使用這本指南，按部就班走過每一個步驟，再三確認自己打下穩固且完全優化的基礎，才能獲取你應得的成功。

你有創業精神嗎？

我個人的背景說起來其實就是一個小女孩**想要**別人告訴她該做什麼的故事。

一切要從我父親講起。我在南加州長大，來自一個不折不扣的藍領家庭，真心不騙。父親是消防員，母親則兼差當美髮師，他們二位的婚姻按照大部分的標準來說可定義為「傳統」：母親管理日常生活裡的各種混亂，開車載我和姊姊去參加活動、演出和玩樂聚會，並且每天都會下廚搞定晚餐。父親負責賺錢養家，凡事他說了算。在我成長過程中，總以為生活本來就是這樣──家裡的男人賺最多錢，家規由他定。

我一直以來都在努力討爸爸歡心，很早就學著做一個「沒問題小姐」。首先要從遵守他的家規開始，這包括了做好我負責的家事，而且絕對不可以頂嘴。每次我拿各科都是A的成績單給他看時，他都會說他有多為我感到驕傲，然後帶我出門享用特別的晚餐慶祝一番。大學畢業後，再也沒有成績單可以發揮這種效果，我就把他當成第一個分享的對象，把加薪、升遷和獲獎的消息在第一時間告訴他。他會告訴我他為我感到驕傲，接著我們會討論我的未來，以及有哪些機會在前方等待我。

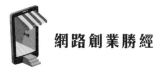

　　漸漸地，我從想要討爸爸歡心慢慢轉變成想要討老闆們的歡心。我加班到深夜，接下額外的案子，公司只要有需要我就隨時配合出差。我痴迷於讓別人以為我「事業蒸蒸日上」。我追逐加薪、獎項和讚譽，不知「界限」二字為何物，以為拒絕別人就是軟弱的象徵，最終會無可避免導致自己被取而代之。

你現在就要？當然可以！

你要我重做，就算我花了好幾個月才修到盡善盡美？沒問題！

你要我犧牲自己全部的個人生活，只為工作而活？我做得到！

　　雖然我不想承認，但當時我真的不重視也不愛惜自己，一心只想得到老闆的肯定。事實上，假如你在那個時候問我對人的固有價值有什麼看法，我可能會奇怪地看著你，心裡想，人光是做自己就有價值嗎？也許對其他人來說是這樣，但不包括我，我的價值來自於我勤奮工作，我有說過我剛獲得升職了嗎？

　　我本來以為自己是為了利他而努力工作，想想當時我可是為湯尼‧羅賓斯做事，他的教練組織每年改造了數萬人的人生。但若要我坦白的話，幫助這些人其實並非我的動機。我拚命認真工作並不是為了改變人生、支持有需要的人，或為這個世界做好事。不是的，我之所以超越那些理由，全力以赴做好每一件事，僅僅只為了一個原因：討老闆歡心。（當然，也包括我身邊其他每一個人的歡心。）

　　討別人的歡心演變成既重要又有價值的事情。我沉迷於辛勤工作所得到的肯定；順便強調一下，我上癮的是來自外界的肯定，因為我壓根沒想過「自我肯定」這種事。

　　幸好我三十出頭時碰到的一次經驗——我不斷追逐企業升遷之路快到尾聲時——改變了路線。我從七年級到現在的摯友薇兒，終於覓得她天造地設的另一半，準備攜手終身。他們決定在一個寧靜的海濱小鎮舉辦「異地婚禮」，任人怎麼看那都是童話般的場景，但對我而言卻非如此。

　　「寧靜的海濱小鎮」到了我腦海裡只化為一個令人不寒而慄的念頭：沒有無線網路！況且當時的工作狀況是，我們正在收尾一個大案子，而我就是負責掌控各個環節的人。我一定得去參加婚禮才行——不騙人，我真的很想去——但我不能不上網、放著工作不管。

　　於是，我醞釀了一個計畫。我打算趁著大家舉杯祝酒、晚宴彩排以及和新娘擺姿勢自拍的空檔偷偷跑掉，躲進咖啡館後面的地方，儘可能連上網路。這樣做**應該沒問題**，只要不被參加婚禮的賓客撞見，就不會有人知道。

　　我本來是這麼想的。

　　結果在婚宴上，我的摯友轉身對我說：「你都在工作。」她那失望至極的模樣至今仍烙印在我記憶裡。我尷尬地渾身發燙，也感受到灼熱的淚水湧上來，就差一個眨眼便會傾洩而下。我只能回答她：「我知道」。我沒辦法直視她的眼睛，因為我不想面對我心知肚明的事

情。我整個人生「都在工作」,我生命的每一個特殊時刻我都不曾真正參與其中。

事實上(無論是過去或現在),努力工作就是我「過日子」的方式;我一定可以從努力工作找到價值,坦白說,我也樂在其中,這對我而言是十分重要的信念。然而我在婚宴的那一刻,深知情況不對勁,非常、非常不對勁。

我是不是當下頓悟了,然後立刻打電話給公司說我不幹了?並沒有。星期一早上,我返回工作崗位,馬上又重新投入追逐加薪、升遷以及過個「好棒棒女孩」的生活。但是我的盔甲上出現了裂縫,那道裂縫只會愈變愈大。

我的自我意識隨著時間過去而逐漸增強,心中也更加渴望不同的生活方式。一旦「自由」成了可能的選項,它就注定總有一天會歸屬於我。想主宰自己人生的熾烈慾望在我內心蔓延,直到我再也沒辦法忽視,無論是替別人工作,亦或是按照別人的時間行事,都已經不再適合我。我在計畫離職的同時,也慢慢蛻去了「沒問題小姐」的角色,開始把自己視為企業主。我可以感覺到巨大的轉變正在發生,我也準備好不計任何代價都要接納它。

你的「動機」是什麼？

當我問學生他們「為什麼」想創業時，最常聽到的答案就是「我想改變世界！」和「我想幫助很多人！」。雖然我相信服務他人的渴望是我許多學生想創業的考量因素，但這個理由鮮少就是真正促使他們做出離職決定的原因。不過那倒無妨，人類嘛……聽好了……天生自私，而此特質正是讓人類物種得以生存下去的原因，因此我們不必為此感到羞愧。你的「動機」不必特別遠大或利他，它唯一需要的就是百分百「誠實」。

我之所以可以很權威地說這些話，是因為我一開始出來創業的時候，我的「動機」感覺非常「微不足道」。當時我把心思集中在「我想要什麼」，或者再誠實一點，只單單想著「我不想要什麼」。我的「動機」大致如下：**我不想聽別人告訴我該做什麼、什麼時候做或該怎麼做──再也不要。**以上，就是我的「動機」。

為了保證能夠全心投入，不給自己有任何走回頭路的機會，我的「動機」必須非常私人，以滿足個人利益發揮幹勁才行，如此一來，任何人或外部影響力都動搖不了我，也休想奪走我的動機。這股灼熱的渴望專屬於我，它不會消失。

我也希望你深入探索自己並坦誠以對，瞭解你為什麼想大膽跨出這讓你心驚膽顫的一步。如果你並不在乎別人的眼光，那麼你真正的「動機」是什麼？如果你也不害怕受人評斷或誤解，你會承認自己有

什麼深切的渴望？如果實話實說，處理什麼事情會讓你感到厭煩和厭倦？你想改變什麼？你想往什麼方向去？你想遠離什麼？

我的朋友，你對自己、人生和事業「真正的」渴求是什麼？你必須宣告你的「動機」，因為面臨困境的時候，你對動機的坦誠會發揮穩定的作用，幫助你一路保持務實、專心一致，讓你能夠打造自己設計的人生和事業。

臨陣退縮怎麼辦？

當你對自己的動機愈是坦誠，就會浮現愈多擔憂與恐懼，但我之所以能成功走到今天，唯一的途徑就是我讓「動機」大於「擔憂」。

今天我依然屹立不搖，擁有身價數千萬美元的事業，並從中獲得難以言喻的自由，並非因為我擁有世上最棒的策略，或我是世上最棒的老師，又或是我創業時做了最棒的行銷。我現在能夠站在這裡，純粹是因為我想按照自己喜歡的時間、方式和地點工作的那種渴望，比我對失敗和丟臉的恐懼心情「多了那麼一點點」。所以，如果你也選擇了一個大於擔憂的「動機」，那麼你也能加入這場長期的戰局。

人會覺得熟悉的現況——儘管現況令人沮喪、苦不堪言、靈魂被掏空或消耗心神——跟未知的未來比起來更安全一點，所以往往動不動就說「我要自己創業……總有一天」、「我一定要做自己**真正**想做的

事……總有一天」、「我要按照自己的方式賺錢……總有一天」這些話。我們其實根本不相信自己有創業當老闆的能力，我們怕自己如果失敗就再也站不起來。安全感是一種很舒服的感覺，這我明白，所以你寧可跟認識的魔鬼相處，也不願跟陌生的魔鬼打交道，對吧？

可是認識的魔鬼終究還是……**魔鬼**呀！安全感會讓我們誤以爲自己擁有的已經夠多了、我們別無渴求，即使我們明明渴望更多。安全感的心態會讓我們的目光變得黯淡，進而掩蔽了唯有跨出舒適圈才能實現遠大夢想和希望的事實。

我相信其實在內心深處，比起安全感，我們都更渴望自由——自己當家做主的自由，想賺多少就賺多少的自由，按照我們喜歡的時間和方式去做想做的事情的自由。自由伴隨著風險，這是不爭的事實，而通往自由的道路有時候會害你嚇到靈魂出竅，或起碼讓你怕得爬進被子底下躲起來。不過我向你保證，這一切都是值得的。

假如你願意克服眼前想尋求安全、舒適和確定感的心情，就有機會用自己的方式在自己的事業裡創造專屬於自己的安全感，進而體驗到終極的自由。

有疑慮很正常

當然，你應該問自己幾個合理的問題，譬如涉及到時間、金錢、幹勁與機會等後勤方面的細節。不過請小心，別讓合理的問題演變成不合理的擔憂。我們一起來看看幾個我最常聽到的擔憂，並瞭解這些擔憂不應該妨礙你達成目標的理由。

我不清楚自己想創立什麼事業

沒關係，只要有一個「起步構想」就夠了。我離開朝九晚五的工作時，並不是很確定自己打算創立哪種事業，但我知道短期內可以先做行銷顧問賺錢，然後一邊開始測試市場的水溫，而這個起步構想就足以給我勇氣踏出那一步。即使你認為自己很清楚要做什麼樣的事業，但事情到了第二或第三年可能會發生變化，這種情況我一再看到。你應該先根據自己的專業決定短期內該如何賺錢、如何增加價值（這個部分我會在後續章節中討論），不過你真的不需要那種列出了收益預測、目標市場分析和長期成長這類細節的周詳事業計畫，我本身當然也沒有類似事業計畫的東西！你不必覺得應該在離職前把每一個細節都規劃好──沒有人能做得到。

💬 我／我的配偶／我的另一半擔心生活費

你確實需要維持生計的財務跑道，但這筆現金沒有想像中那麼難得到。我自己剛當老闆的時候並沒有積蓄，那我有什麼計畫嗎？就是拚了；盡快在起初兩年把事情推動起來，這正是我的做法。相信我，有很多方法可以讓你從一開始就靠自己賺到錢，我們會在後續章節探討一些做法。

💬 我怕放手一搏，萬一失敗怎麼辦？

新聞快報：你確實會失敗，而且非常有可能失敗很多次。我從沒見過哪個創業者不摔得鼻青臉腫的，只是他們摔跤後會整理好心情（通常在好好哭過一場後），然後重新振作起來再試一次。失敗是必經的過程，也是你從中學習的方式。假如你願意在不斷嘗試的過程中犯錯，那麼你的夢想就在不遠處。

💬 我沒有起步的資金

如果你知道在家開創線上事業的經常費用竟然這麼低，一定會覺得很驚訝。我的客戶裡有很多成功的故事，大多都是剛創業時沒有資金的女性，她們只需要用一些戰略就能快速把事業做起來。既然她們做得到，你也可以，我會在這裡助你一臂之力。

網路創業勝經

💬 我擔心做不到

　　我明白你的心情。一開始創業的時候，我每每碰到關鍵點就會懷疑自己的能力，但接著我又想到另一條路就是回去過那個再也不能讓我快樂的生活時，便覺得我其實沒有別條路可選，我的動機驅策著我儘管害怕也依然一步一步前進。你也做得到！而且別忘了，你並不孤單，你會擁有我提供的路線圖，這份經過時間考驗且按部就班的指南可以推動你夢想事業──有我在！

💬 我一想到自立門戶，腦海裡只浮現事情可能會在各方面嚴重出錯的情況，根本沒辦法想像自己會成功。

　　想像最可怕的情境並在腦海裡把它們一一演練過，這是人之常情。比較麻煩的是，這些情境（順便提一下，都還沒發生呢！）很有可能不斷在你腦海裡反覆出現，來來回回，一遍又一遍，沒有留下絲毫空間給你思考成功的可能性，這樣會迅速使你偏離方向。你應該立刻採取行動，讓事情也有可能「順利發展」的各種情境有相等機會在腦海裡出現。也就是說，每當你陷入事情會出錯的思緒迴圈時，請趕緊停止，然後馬上想一個有可能成功的情景，強迫自己用雀躍和期待的心情來展望未來，想像事情會按照你的計畫順利進行。

📋 我擔心告訴家人和朋友我的計畫後，他們會有什麼看法；我覺得他們不會給我大膽跨出那一步所需要的支持。

　　放心，有我罩你！我們下一章會深入探討這個主題！你應當特別留意自己該跟誰分享夢想，以及哪些人「不可」參與你這趟旅程（至少目前還不行）。我會提供腳本供你參考，讓你改編成自己的版本，在和他人慎重討論你的夢想時幫助你順利溝通，以利你獲得所需的支持。在這方面，你不會孤軍奮戰！

📋 我打從心底不相信自己可以靠白手起家的事業，賺到全職收入。

　　我會讓你暫時別操心這件事。你不相信可以靠自己的事業賺到全職收入（只是目前還不行！）也沒關係，不過慢慢地你就會相信自己和自己的能力。眼前這一刻，我希望你深入內心，儘可能凝聚你所有的勇氣，一步一步地持續前進。這些步伐可以是碎步，代表你每天做的小小調整，最終能引領你實現自己真正想要的人生。我會負責提供你開創線上事業所需的路線圖，只要你憑藉著自己的勇氣，我們就可以一起抵達你想去的目標。

💬 已經有人做我想做的事業，而且做得很成功，沒有我發展的
機會。

　　這是創業新手最常出現的惱人想法之一；告訴自己已經有人做了
你想做的事業，這肯定會讓你就此打住不前。躲在這個藉口——因
為真的就是藉口——底下的，往往正是「我算哪根蔥竟然想做這個事
業？」、「我不夠專業」、「我能力不足」、「我沒辦法做得像他們一樣
好！」這些念頭。這便是典型冒牌者症候群的極致展現！我有幾件事
想提醒你。首先，地球上有七十七億人口，絕對有你可以踏入和開發
的市場空間。其次，沒有人能夠用你特有的方式，也就是從你的視角
用你的聲音來創作內容及附加價值。這個世界需要你獨有的天賦，千
萬別忘了這一點！

💬 我覺得現在還不是時候，也許應該等一、二年後我的生活感
覺沒那麼混亂時再考慮。

　　你有沒有聽過「生小孩永遠沒有所謂的好時機」這句話？這樣說
吧，此番道理也同樣適用於開創事業這件事。無論在人生的哪一刻，
大部分的人都會說自己至少有某一個層面打結了，有些人甚至很多層
面都碰到這種狀況！人生就是如此，永遠不會有所謂創業的好時機。
我能給你最好的建議，就是別再尋覓好時機，不如「**現在**」就跨出你
的步伐。相信我，如果今天不開始，那麼一年後當你回過頭來看，一
定會後悔拖延了自己的夢想。

我明白你——沒錯，說的就是你！——可以為自己工作、策劃自己的路線，而且賺到的收入遠勝過去這件事，可能看起來太美好到不可置信。老天，如果你像我當年一樣，那麼你甚至會覺得策劃自己的路線到底是什麼鬼東西！只要知道這一點就行了：有更好的東西正在等著你。一定有的，你只需要做出決定，迎上前去，然後邁出下一步即可。

就像電影《熱舞十七》（*Dirty Dancing*）的男主角強尼一樣。還記得強尼闖進派對現場，看到寶貝坐在燈光昏暗的桌邊，他走過去對她說了經典台詞「沒有人會把寶貝丟在角落」那一幕嗎？

不妨把我想像成你的強尼。（當然不是指健壯性感的舞蹈老師，而是**毫不猶豫相信你**這個部分。）此刻我就站在你的桌邊，向你邀舞。也許你認為你是老闆眼中的樣子，是同事認識的那個你，又或者是家人心目中的你，不過我看到的卻是一位堅強又富有創意的天才，準備要蛻變成你「注定要成為」的人。我並不是要催促你，但你的觀眾正在等著你。隨我離開那張桌子吧，那個舊處境顯然已經沒有你的容身之處了，勇敢邁向舞台，享受聚光燈的洗禮。現在正是做出決定，把你的「動機」化為現實的時候。一旦這樣做之後，其他的一切將勢不可擋。

做自己的老闆
⇨ 如何提出離職？

　　我的學生卡洛琳娜在準備離職自立門戶的過程中，一直處於「僵住」的狀態。儘管她早在一年前就知道自己想離職，但始終無法鼓起勇氣採取具體行動向前走，每次只要想到規劃新事業，建置網站或設計方案時，恐懼就會像海嘯一般襲上心頭。她最主要的擔憂是什麼呢？那就是失去過去六年來她在這家公司所享有的經濟安全感。在她的成長過程中，生活並不穩定，所以一想到會打亂經濟狀況，她就嚇得快沒命。因此即便她覺得不受賞識，也知道自己薪水過低，但還是說服自己繼續待下來，至少再堅持一段日子。可是沒多久，到了週末快結束的時候，「週日恐慌」又會再度上身，面對即將到來的週間工作日，她焦慮到想吐。

　　然後公司宣布要縮編，她就這樣失業了，當時的她也「毫無準備」。快轉二年，如今的卡洛琳娜很慶幸開創了成功的事業，她唯一後悔的就是當初沒能先做準備、早一年離開，要不然就可以照自己的規劃、在準備好跑道支援她朝目標邁進的情況下，提出離職。

　　這個故事的寓意是：不要像卡洛琳娜一樣！現在你已經正式決定做自己的老闆，或換個說法，你想「自己當老闆」，那麼我希望你從今天開始就採取四個重要步驟，以便時機一到，便能火力全開、向前衝刺。首先，你必須選擇你打算離職開創新生活的日期。其次，你應當開始採取行動打造你的跑道。第三，你需要告訴支持你的家人和朋友，好讓他們能幫助你堅持目標。最後，你必須請辭。（鏘鏘，太令人興奮了！）準備好了嗎？讓我們行動吧！

選擇離職日期

　　我的人生恪遵「事情沒有安排好時程，就不會眞的發生」這個格言。我要表達的意思是，如果某件事沒有列在我的行事曆上，那麼它大概就不會發生。哪怕是全世界最好的意圖，如果沒有指定確切的日期和時間，也都是枉然。我要製作新一集播客時，錄製這集的時間絕對會出現在我的行事曆上。如果我要策劃新的行銷活動，當然也會提前將執行時間加入行事曆之中。身爲企業主最重要的一個技能就是該行則行，光有好的意圖並不能讓事情完成，策劃、排程並起身執行任務等舉動，甚至比你所擁有的任何良好意圖都更爲重要。

　　談到你的離職日期時，這個道理更是加倍適用。確定離職日不但有利於落實整件事，同時亦可避免「要走不走」的狀態，這種窘境

只會衍生更多痛苦，或許這也正是你目前的寫照。當你對自己離職的「可能時間點」只有「模糊」的想法，就會開始產生不滿、拖延的心情，有時還會浮現深深的疑慮，讓你不可自拔。我希望你能超越這種情況！我們現在討論的是你的「未來」，那包括了你的自由、快樂、希望和夢想。這個未來應該用一個真實具體、不可動搖且**無論我有多害怕都一定會發生的**「日期」來換取。未來的你，一定會感謝現在的你做出這個大膽又勇敢的決定，請相信我。

我之所以知道確定離職日很有效，是因為我親身實踐過。那次在會議室頓悟之後——頓悟的當下我體認到自己不自由，但真心想要自由——約莫過了三個月，穿著睡衣的我，盤腿坐在我位於加州卡爾斯巴德的小公寓裡那張破舊的皮革沙發上。當時是週間的晚上九點，我突然再也壓抑不住那股「實現」渴望的需求。光只是考慮或幻想已經不足以應付，我必須採取確切行動讓這個夢想實現才行，因此我做了決定：我要在二〇〇九年六月十九日辭去工作。當我用麥克筆在便利貼寫下日期，然後將它貼到浴室鏡子上——這樣我每天刷牙和準備上班時都會看到它——時，我的雙手顫抖。便利貼提醒我離職這件事「正在發生」，這就是我需要的：我總算真正且不可逆的離開我的工作，朝著當自己老闆的目標前進。

如果想到具體定出日期，你的內心就有一種僵住的感覺，你並不孤單。選擇離職日確實會讓人心生焦慮，因為你知道，這代表你是「真的」準備離開工作，再也不能猶豫不決；你的未來已然展開。

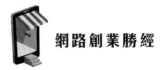

　　但我想透露一個小祕密，應該可以緩解你的焦慮。等你選好日期後，就表示整個宇宙已經進入高度戒備狀態，各扇門會隨之開啓，機會將會漸漸出現在你眼前，所有需要做好的準備，都會以加速的進程開始就定位。宇宙是站在你這一邊的，選定離職日並公諸於世就表示你在發信號給奇蹟，請它準備登台上場。這一點務必相信我！

　　如果你還是有一點焦慮，那麼我要請你閉上雙眼，想像一下未來的你。不妨在腦海裡勾勒她的模樣：這個女人獨立、自信，雖然害怕但很堅定，她當家做主，落實行動，打造她夢寐以求的事業。這個版本的你已經準備好等著你的到來。用你的心去預想她，她如何穿著打扮？她有什麼感覺？她身在何處？她擺脫雇主的期望與要求後有什麼感覺？想像這個正在創造夢想人生和事業的女人就在那裡，你步入她的身軀，然後成爲她，因爲她**就是**你。

　　現在和未來的你之間最大的障礙，就在一個小小的決定：你打算在哪個日期離開現在的處境？無論你做的是朝九晚五的工作，還是失業了一段時間，又或者在家當全職媽咪好幾年，如果不是已經準備好推出專屬於你的新創事業，你現在就不會讀這本書。所以，做個深呼吸，看看你的行事曆，然後選個日期。

　　挑選你要正式離開目前這個舊處境、自己當老闆的年月日；是三個月後嗎？半年後？九個月後？還是從現在算起一年後？究竟是何年何月何日呢？爲自己選定一個日期吧！

即使你的計畫是先從做副業開始，利用晚上和週末的時間打造最終將成為全職的事業，但如果這是你的目標的話，你「仍然」需要選定離職日期，作為你最終全心投入自己事業的時機點。我見過太多人一邊緊抓著全職工作不放，一邊又迫切想讓副業更上一層樓。若是打算竭盡所能實現夢想，那麼到了某一刻你就必須全力以赴。接下來我們就用計畫來落實這一切。

以下提供幾個問題供你思考，有利於你順利選定離職日期：

🔒 假如你非常勇敢，又相信自己一定可以實現這件事，你會選哪個日子？

🔒 如果你已經設想好離職的時限，那麼問問自己是不是因為害怕未知，所以才會把勇闖夢想之日定在這麼久之後。假如是這種情況，你需要對自己和自己的處境有什麼認知，方可鼓起勇氣選擇近一點的離職日？

🔒 如果沒有害怕與否的問題，你會挑什麼日期？

🔒 想想你的動機，然後問問自己：**我願意等多久才去追逐自己真正想要的東西？**

　　現在準備一張便利貼和一支麥克筆，然後在便利貼上寫下日期，再把它貼到每天都看得到的地方。我希望你每天提醒自己，你已經宣告日期，你的離職無論如何都已經在進行中。

　　最後一點要留意的是，選定日期並堅守這個日子比日期本身更重要。不管離職日定在一年後或甚至更久之後，這件事都就是發生了。

　　最後，請看看四周，觀察你身在何處，注意你現在的時間、這天是星期幾、是什麼季節。低頭看一下自己的穿著，然後覺察自己的內在，仔細留意你現在的「感覺」。假如你願意的話，不妨現在就拿著那張便利貼拍一張自拍──雖然你臉上的表情很驚恐。

　　我希望你永遠記住這一刻，因為這是你整個人生發生變化的時刻。我希望這一刻深深烙印在你記憶裡，等未來的你實現夢想並回首往昔時，就能馬上想起自己展開新生活的那一刻。

打造你的跑道

　　選定離職日期之後，接下來就要打造事業跑道，幫助你推進到新的現實。你在勇敢跨出步伐離開公司之前，必須先採取幾個特定步驟，這些步驟正是構成你事業跑道的元素。打造跑道時不必太精細；事實上，愈簡單愈好。稍後我會提供檢核清單形式的計畫單，你可以自行調整後打造屬於自己的版本。這份計畫單的目標在於引導你完成

其中每一個行動項目，讓你刻意放下已經不想要的東西，朝著自己真正渴望的憧憬前進。

現在談到你的計畫，我很想說只要選定日期，一切就會一帆風順……哈！我想你我都心知肚明，這不切實際。當初我在選擇離職日期的時候，挑了一個半年之後的日子，希望可以準備得更充分。我想花一點時間弄清楚自己要開創哪種類型的事業，並且從我已知可以派上用場的領域中汲取洞見和專業知識。然而，這也表示我必須在我已經決定要離開的這個工作職位上繼續待半年——這是多麼煎熬的事情。我指的不是這份工作很糟，而是一旦我正式下定決心要離開，我便已經準備好「離開」。

我提起這個故事是想表達，當你仍然完全沉浸在目前的舊處境時，選擇離職日對你的身心來說其實是一件很難處理的事情。你應該很想立刻離職，可是另一方面你也知道時機還沒到，所以你不得不處在這種腳跨二個世界、讓人焦躁不安的地帶。但是你可以做到，我知道你可以。這時保持高效率和理智的方法，就是制定計畫，然後排定時程來落實它。

我自從知道自己想要創立事業之後，便開始用更具戰略性的眼光來思考。由於公司的一些變動，我有機會從內容部橫向調動到行銷部，自然就馬上趁勢而為。我走進老闆辦公室，問她我能不能轉部門，令我意外的是，她竟然答應了。接下來六個月我積極投入行銷專案，學習種種關於數位課程、內容傳遞以及如何在線上銷售的知識

技能。離職日到來之時，我依然完全搞不清楚該如何讓一切運轉起來——事實上，我十分驚慌。不過，我還是去做了，因為未來的老闆都是這樣做的（眨眼、眨眼）。

> 重要的是你知道自己有選擇的餘地。如果不打算豁出去、明天就打包走人的話（你若是想這樣做，先恭喜你！），你可以找出應該採行的小步驟，以戰略性做法醞釀動能，朝著實現夢想的目標前進。以下就是打造你的專屬跑道、迎向離職日時的「必做」與「地雷」事項檢核清單。

● **務必找出你的起步構想**。請記住，你不需要事先把一切弄清楚，再開始創立你的線上事業；沒有人一開始就搞懂一切！不過，至少你應該對自己要提供的產品或服務有粗略的構想，如此就可以著手朝著那個方向努力。當你開始採取行動的時候，你的動能會讓事情變得更加明朗，進而促使你做出一些調整或者改走新方向。這都是事業跑道的必經過程，現在你唯一要做的就是「相信這個過程」！別擔心，我會在第4章討論更多這方面的細節！

● **務必制定財務計畫**。我已經跟各位分享過，你不需要存到一筆錢才能開始打造事業，因為線上事業的經常費用很低，可以直接開

始，無需存款。但如果你一開始就需要賺錢的話，最好在起步時制定臨時的賺錢計畫，來支持你的財務目標。以我為例的話，這表示我會接幾位付費客戶，一邊製作我的第一個數位課程，一邊幫他們處理社群媒體事宜，即使我終究還是對與客戶一對一合作的服務型事業不感興趣。如果你目前不清楚自己可以有哪些做法，請耐心等待，我們會在11章和12章討論一些我個人十分喜歡的商業模式。

◯ **務必勇於展現自己**。當你開始打造事業時，其中一個最重要的步驟就是著手創作原創內容。你有很多做法，包括社群媒體貼文、部落格、播客或YouTube頻道。（嘿……別擔心自己一個人搞不定，我會在第7章罩你。）現在的當務之急就是刻意花心思創作內容，這樣就能養成談論自己的事業構想、為你最終要服務的受眾現身的習慣。

◯ **務必打造你的新工作空間**。這個步驟很有趣！大多數剛創業的人可能都在家裡工作，假如你正是這種狀況，那麼務必在家中找到一塊安靜又能讓你獨處和專心的空間。一開始你大概會擠在某個角落，譬如用廚房餐桌的一端，或鑽去地下室。如果你望著自己的臨時辦公室時心裡浮現「這才不是我夢想中在家工作的樣子！」的念頭，別擔心，這種情況只是暫時的。我當初剛創業時，把一

個壁櫥當「辦公室」用，如今我位於納什維爾的房子有二個寬敞的房間，一間我將其設計成海濱風格的辦公空間，讓我想起自己出身加州的背景，另一間則作為影音播客工作室，附有各種能夠讓我施展創意魔法的設備。我在那段把壁櫥當辦公室用的日子裡，也想像不到自己家裡的工作空間有朝一日會變成現在這番模樣，但那就是這段創業之旅刺激的地方，你永遠不知道未來有什麼在等待著你。繼續前進吧！

◉ **務必告訴幾個支持你的家人和朋友**。我鼓勵你把新事業的構想告訴幾位特定的家人或朋友，這有助於你保持自律。如果你不確定該和誰分享這個消息，稍後我會在本章節提供一些指引。

◉ **別費心撰寫「傳統事業計畫」**。坦白說，我根本搞不清楚「傳統事業計畫」是什麼樣子；我敢說，我大部分的創業同儕也有同感。唉呀，我有個朋友（現在事業做得風生水起）某天深夜在丹尼餐廳（Denny's）靈感噴發，就真的在餐巾紙背面寫下一些重點，這是真人真事！除非你在尋求投資資金，否則並不需要花俏的PPT或傳統事業計畫那類的東西，只要照著經過實證的步驟式指南——你手上正巧就拿著一本——前進，然後堅定執行你所制定的計畫即可。

◉ **別浪費時間製作名片**。老天,名片這種東西……根本就是讓初次創業的人浪費時間和精力的陷阱!把心思都用在這種小東西的外觀質感上,是新手才會有的誤判,但莫名地,我們就是想這樣做。我花了很多時間幻想我第一張名片該如何設計,又花了很多錢印製。無聊的長方形名片不是我的菜!我要獨特的「正方形」,而且用金屬油墨,如此方能真正襯托這種高級樣式。我以為找到成功的奧祕了,結果一打開盒子,卻發現我名片的外觀風格感覺跟……保險套的包裝一模一樣。直到今天,我一想到別人在社交活動上收到我名片時會有什麼想法,就覺得尷尬!所以,無論設計名片聽起來多麼有趣都別考慮,這種東西打著「做事業」的名號,其實都是拖延戰術罷了。你應該集中心力去創作內容,這方面的策略會在接下來的章節中深入討論!

◉ **別等網站架好才開始行動**。網站是當今各行各業很重要的元素,但別因為沒有網站就妨礙你向前推進!「可是我需要架好網站才能做其他事情」這個念頭又是一個十分有說服力的藉口,讓太多有志創業的人繼續忍受著他們不滿意的日常工作。你可以一邊準備離職,開始和客戶合作,一邊同步處理架設網站的事宜。隨著時間過去,一切都會慢慢成形,我也會在第6章協助你架設簡單又有效果的網站。新秀們,請耐心等候!

◎ **別讓自己想太多**。在最終邁開步伐、踏上創業之路前，反覆思考「萬一」和「如果」的種種情境是很正常的，但如果讓這些問題拖住你前進的步伐，你一定感到後悔。你做出了決定，也選定了離職日，還有你甚至都把日期寫在便利貼上，放在每天都看得到的地方了！你正在實現這件事，所以動起來吧，每次一小步就能移山，只要開始行動就對了。

告訴你信任的家人和朋友

現在你已經打造好跑道，接下來就該告訴幾位支持你的家人或朋友了。想到這件事，你的心臟是不是突然停了？你的胃是不是翻攪了一下？我懂，這令人驚慌！不過當你把計畫告訴別人時，一件重要的事情會發生，那就是你開始承擔了這個計畫。我希望你用勇氣和力量去擁抱自己的決定，希望你藉由告訴你人生中幾個重要的人物——那些你很肯定會在這趟旅程中支持你、讓你負起責任的人——來落實這個決定。

我選定離職日之後，就把這個消息告訴三個人——真的只有三個人。首先我告訴我丈夫荷比，他非常支持我，甚至希望我提早實現這個計畫，我不得不提醒他，我需要先解決幾件事（譬如打造我的跑道），而且也希望另外存到一小筆錢後再離開。（有雷慎入：到頭來我

離職時「並沒有」多存到錢，不過事情仍然順利進行。）

接著，我告訴了我母親。並非全天下的母親都像我母親一樣支持孩子，不過我知道可以放心把夢想說給她聽。（我知道如果跟母親說我想轉行，去當第一個登陸未知星球的太空人，她肯定會說：「行動吧！」）

最後，我告訴了我親愛的朋友吉吉。我知道她全心全意相信我，即使我對自己沒有信心。她在我愈來愈接近離職日、心裡益發恐慌時，陪伴在我身旁支持我，正如她一貫的風格。

只有這三個人知道我的計畫，便足以讓我保持當責，特別是在我隨著離職日愈來愈近，開始動搖的時候。我問荷比：「我真的應該辭掉工作嗎？也許我可以永無限期做副業就好，二邊都不用放手。」然後他溫柔地提醒我，我想怎麼做都行，可是現在的狀況讓我不快樂，還有我的夢想是當自己的老闆。這種心生疑慮的情況也會發生在你身上，所以務必找到支持你的人，請他們督促你朝著你最想要的目標前進。

如果說我鼓勵你只和三個人分享新計畫，那麼這三位你會找誰呢？你已經有口袋名單了嗎？如果有的話，太好了。請在接下來四十八小時內和這三位聊一聊，促使你繼續向前邁進。假如想到要跟特定的某個人分享未來新計畫，譬如你的另一半，你的內心會有一股情緒在翻攪，那我們來玩個小遊戲。

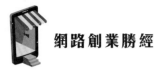

　　花一點時間想想是什麼原因讓你不願告訴對方。你認為他們會對你說什麼？你覺得他們會說這不是好主意？說你頭殼壞去？他們會不會搬出你過去的起起伏伏，作為這個計畫只不過又是一個瘋狂的點子，而且很快就會陣亡的證據？他們會說你還沒準備好嗎？他們會講一堆你不應該這麼做的理由嗎？他們會說你做事不顧後果嗎？

　　通常我們所恐懼的事情最後真的發生時，狀況往往會比我們原先預期的輕微許多。我們可能會害怕對話過程很艱難，可是等到我們總算鼓起勇氣去談了之後才發現，**哇，沒有想像中那麼難啊，早知道早點說就好了**。我們把事情想得比實際上糟糕很多，多半是因為我們不自覺地將自己的恐懼投射到外界——我們之所以預期得不到支持，是因為我們不想完全由自己承擔這個決定。

　　在此我想請你暫停一下，先確認你真的「承擔」了這個離職自己當老闆的決定，**無論你身邊的人是否瞭解或支持你**。我知道這是大膽的要求，但卻是一個能賦予你強大自主力量的舉動。事實上，你身邊的人可能「不支持」你的決定，他們也許會在每個關鍵時刻質疑你，可能會說你沒責任感、魯莽、不可理喻。所以你得做好因應準備。你必須為自己打造盔甲，這樣你的決定才能成為唯一重要的意見。

　　你現在也許會說：「嘿，艾美，不對唷，我是有配偶的人，配偶的意見很重要。」其實並沒有。我知道這句話聽起來很刺耳，但請聽我解釋。此刻我希望你專注於「你自己」的需求和渴望，如果你這樣做，那麼你創造出來的事物不但會讓你充滿喜悅和成就感，最終也必

然會對你的親人產生正面影響。你的親人已經是這個方程式的一個環節，無論他們是否支持你。有鑑於此，我設計了一個腳本（請見附錄第2章 P.293），你可以利用該腳本找到最理想的措辭，來表述你的新計畫以及它對你的重要性，幫助你在可能會很為難的對話中，順利與你的親人溝通。

事實上，很多人就是無法「理解」，但那也沒關係，你不必等「任何人」理解你的決定，況且其他人對這件事的看法又不能幫你付生活費。即使你沒有得到你需要的支持，也要繼續推動你的計畫。如果你尋求的是實現夢想的許可，不妨當作你自己許可了這件事，且讓我們繼續前進吧，你做得很棒！

以上談了應該把計畫告訴哪些人，不過我們也該談一談暫時別向誰透露。那些會說你沒想清楚的人，先別告訴他們。也別告訴那些態度總是很負面，也就是我們知道一定會列舉種種理由，說你計畫行不通的人，這些我所謂的「唱反調的人」暫時都不必知道你的計畫。目前你只要告訴那些會跟你一起慶祝，會一路支持你並竭盡全力為你加油打氣的人就行了。

當然最終你人生中的某些人還是應該知道，譬如你的配偶。假如配偶正好就是唱反調的人，最好等到這個計畫已經進行到某個階段再告知。時機適當之時，你就可以更有自信、更有底氣地和對方分享你的計畫。

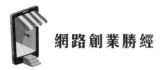

　　另外，有些你選擇不告知計畫的人可能會聽到風聲，或者是開始
質疑你做的一些改變。我設計了第二個劇本（請見附錄第2章P.295）來
因應這些出於好意但掃興的人，供你調整成自己的版本，助你保有氣
勢，表現得像個老大。此腳本的目的是讓你能在保護自己夢想和心靈
的機制下跟唱反調的人溝通，同時忠於自我、尊重你自己的底線。

提出辭呈

　　當初我撥電話給湯尼，準備向他提出辭呈時，我雙手顫抖，反胃
到想吐。我害怕的不是告訴他，而是告訴他就意味著我真的得設法完
成這件事。「我見鬼的到底在做什麼？！」這個問題在我腦海裡不斷
反覆放送。

　　我之所以能度過這段經驗，是因為我知道自己已經做好一些必要
的準備，讓事情向前推進，而且無論如何我都會辭職去創業。決定已
經做了，我也早就計畫好那天晚上要和幾個閨蜜來個小小的晚餐約會
當作慶祝，所以我知道我必須在當晚見面之前先正式宣布辭職。

　　辭職那一刻，你心中應該滿是疑慮，或至少十分緊張。有時候我
們只需要停在當下，把事情完成，無論我們當時有何感受，肯定都會
成為過程中的點點滴滴。以下提供幾個依循方針，幫助你順利辭職。

提出辭呈的必做與地雷事項

☑ **務必先規劃辭職事宜。**找到妥善的做法結束目前的狀況很重要，我希望你按照自己的方式辭掉工作，這樣你才會有「操之在我」的感受，同時也會對自己的決定感到放心。你可以選擇特別與某些人士會面，譬如你的老闆或人資部門，藉這個機會告知你辭職的決定，寫封正式的辭職信也是一個做法。最好事先知道需要跟誰溝通，這樣你就可以做好計畫。以我自己為例，我是先與我的直屬主管討論辭職一事，然後再打電話告訴湯尼。通常我不建議議和公司高層討論辭職，但出於尊重——因為我和湯尼一向合作密切——所以覺得有必要這樣做。一旦告知這二位關鍵人物之後，接著我就告知我的團隊。請問問自己，哪些人應該知道這件事且通知的順序為何呢？

☑ **務必事先定好離職預告期。**正如本書的原書名，提前二週向目前的老闆遞出辭呈是誠意和尊重的表現。話雖如此，你或許會想更早提出，尤其是你在這家公司已任職許久的情況下。不過需要留意的是，假如你把預告期拉得太長，恐怕會夜長夢多。提出辭呈後在公司待得愈久，就愈容易心生焦慮與煩躁，畢竟你的新生活正等著你結束這一段，開啟新的篇章！我六個月前就決定好離職日，但是從正式提出辭呈後到離職日這段預告期有整整一個月，

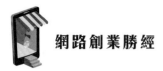

對我來說很適當，我有足夠的時間完成一些小案子，把未做完的工作細節整理好，並與團隊成員就應該交代的事項確實溝通清楚。

我的學生肯雅給雇主三個月的預告期，這件事她現在想起來就後悔不已。那段時間她不但覺得拖泥帶水，心情上也變得更緊張又鬱悶，試圖在短短三個月內儘可能地做很多工作。

再提醒一下。當你向老闆提出辭呈時，那只是一個「提議」並不是保證。某些情況下，老闆會說你提出的離職日就是你在這個工作職位上的最後一天──即便你願意再多留二週或更久。我希望你先準備好你的最後一天就是你辭職那一日，以防萬一。請容我提醒你，你比自己想像的更堅強，無論發生什麼事，你都可以處理好並繼續向前邁進。你比自己知道的更有能力！

◯ **透露的程度別超出心理負擔。** 你也許會想知道，關於你的離職理由和創業計畫你應該跟目前的老闆分享到什麼程度，答案是：完全由你決定。我離開湯尼・羅賓斯的當時心情茫然，主要是因為我還沒有把一切事情安排好，也很難開口跟別人分享充其量還很模糊的細節，所以別人問起我為什麼要離職時，我都說我打算去做自由業，幫小公司處理他們的社群媒體。儘管我的夢想遠大於此，不過那個當下我所說的也全都是實話。你的老闆想當然會很好奇，最好預作準備，以防他們問你離職理由和接下來的動向。但你並不欠他們一個解釋，因此只要你心裡覺得舒服，無論說多或說少都可以。

◎ **別破壞關係**。一旦你辭職並同意過渡計畫，請優雅地離開，無怨無悔。你的老闆可能需要找人接替你，所以你或許會被要求培訓接手你工作的人。在適當情況下要保持靈活，假如時間允許的話，不妨以積極正面的態度來培訓你的繼任者，沒必要破壞關係，尤其是當你已經走到這一步的時候。堅持到最後，這樣你就會覺得自己盡了最大的努力，好好結束人生的這一篇章。

按部就班的跑道計畫檢核清單

　　現在你已經瞭解跑道的構成環節，接下來就該開始執行你的計畫了。我設計了一份檢核清單，列出打造跑道的重要行動項目，在這段旅程中支持你一步步往前走。事實上，我建了多份檢核清單，可供你在閱讀本書時一邊按圖索驥。（所有檢核清單皆可從線上資源庫取得下載版本，請造訪：www.twoweeksnoticebook.com/resources）

　　現在，我想請你仔細審視檢核清單裡的每一條行動任務，掌握你需要完成的事項。接下來，指定各項行動的完成截止日期；截止日期可確保你完成這些任務！然後下載檢核清單並列印出來，這樣就有紙本清單了。紙本清單一拿到手，便可開始動工。

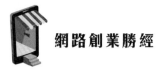

　　我希望你每週逐項完成任務，按部就班填完清單，一步步處理所有的行動任務。本書其他章節將帶領你深入探討更多以下行動任務的細節，包括如何精準調整你的事業構想以及創作每週內容等，過程中我會手把手指引你每一個步驟！當你隨著本書操作的同時，務必經常檢閱這份清單，時時惦記著它，方可確保你在截止日前完成任務。（小提醒：當你完成清單的那一刻會覺得十分美妙，所以請堅持做完所有任務，然後慶賀這個里程碑吧！）

- **宣告離職日期**

  我的離職日期定在

  _____

- **研究適當的辭職方式**

  你會特別和哪位人士見面？

  _____

  _____

  你需要寫正式的辭職信嗎？如果需要的話，對象是誰？

  _____

  _____

- **腦力激盪你的「獨特之處」（詳見第4章可獲得更多協助）**

  在下方簡要描述你線上事業的起步構想：

  _____

  _____

  _____

- **制定財務計畫**

  在下方簡要描述你的臨時財務計畫：

  _____

  _____

  _____

- **創作你的第一則內容並發布**

  內容主題：

  _____

  這則貼文是音訊、影片或文字形式？

  _____

  你要在哪個平台發布它？

  _____

- **打造新的居家工作空間或尋覓共同工作空間**

  你要在哪裡工作？

  _____

  _____

- **把計畫告知支持你的家人和朋友**

  你打算告訴誰、原因為何？

  _____

  _____

  _____

  _____

  _____

  _____

  _____

  _____

  _____

  _____

創業大計

⇒ 如何打好成功的基礎？

　　那是我還在公司上班的某天下午，我用一種胎兒蜷縮在子宮裡的姿勢躲在辦公桌底下，低聲講著電話。如果當下有人走進來，我這個古怪的行為想必或多或少會讓人緊張！不過我的辦公室隔間很薄，通話對象又是一位線上事業做得很成功的女性，而且她的事業跟我想做的十分類似。我付給她一小時的諮詢費，這樣才能盡情向她討教她如何把線上事業做得這麼成功。現在回過頭來看，躲在辦公桌底下真是荒謬，但在當時那種情況下是絕對必要的。

　　那通電話對我來說改變了一切，我得以從創業這條路的前輩身上取經，問她如何起步、創業初期採取了哪些行動、最初是怎麼開始賺錢的，還有她如何讓事業成長。我想知道所有細節，因為該從何處著手我毫無頭緒。

　　你很幸運，不必偷偷摸摸在桌子底下打電話弄清楚創業的策略。由於你現在已經決定離職，也在規劃離職日期和跑道，我會帶你直接瞭解一切必要資訊，推動你的事業起步，你無須用猜測的方式或是在

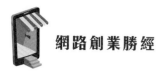

黑暗中摸索！如果你按照我為你布建的路線圖行動，肯定會比九九％冒險創業的人——包括我在內——更快又更有效率地起步！

　　講到這裡，我自立門戶後學到的第一件事（而且過程十分艱辛啊），就是明白了為自己工作不同於在有主管監督的辦公室裡和部門同事一起工作的情況（現今在家工作的人愈來愈多了，說不定你也感同身受）。我發現在沒有人指示我工作流程的情況下，出現了很多問題，包括我缺乏適當的「界限感」，我未必知道該做什麼工作，也未必能妥善「保護」自己的時間，而且我沒有固定的「工作空間」可以退守，無人督促我把自己想完成的案子做好。我必須一一針對這些面向琢磨出自己的習慣，等習慣建立起來之後，情況才真正開始順暢起來。所以，當你開始獨立作業的時候，讓我們來逐一檢視這些重要的面向，這樣就不必像我一樣跌跌撞撞！

制定你的不可妥協原則

　　創業十多年後，我學到最重要的一個教訓就是如果不設定個人和職場的界限，就會像多頭馬車一樣，搞得你不知所措又迷惘，然後逐漸忘卻了你的「動機」（也就是你拚了命努力要實現夢想的理由）。相信我，我說的都是基於我個人的經驗，而這些經驗是從多年過勞又充滿埋怨的日子中所得到的。我吃盡苦頭學到的教訓是，如果你沒有設

定並堅守工作生活界限,那麼你的夢想、目標和渴望都會岌岌可危。

　　創業的頭幾年,我因為太焦慮而過度投入。我想確保事業蒸蒸日上,結果卻變成「來者不拒」。當時的我經驗不足,就像許多剛起步的創業家一樣,搞不清楚什麼叫做妥善運用時間,當然也不知道什麼叫做「絕對不是」善用時間。我屈從於非必要的雜事,讓事業逐漸侵蝕我私人的生活。請容我澄清一下:工作與生活有一部分交錯在所難免,這是很正常的現象(比方說,你怎麼判斷某個社交活動算不算善用時間,除非參加一次看看,對吧?)。不過正如我從個人經歷以及我大部分學生的經驗來看,過度投入是一件會上癮的事情,我們會漸漸出現如果不是全年無休地工作,就等於「不夠努力」的想法。

　　為免你發生過勞的狀況,我希望你實際列出一份我所謂的「不可妥協原則」,也就是根據你的價值觀和目標所設定的界限,它們明確界定了你私人和職場生活中能不能容許哪些事的準則。具體明確的不可妥協原則除了特別適用於個人之外,也與你心目中最重要的事情有絕對關係。舉例來說,假設你是一位母親,離職創業的理由是希望孩子每天下午放學搭校車回來時,你都能在家迎接他們,那麼你或許可以制定一條不可妥協的原則,就是下午三點過後不安排工作會議,無論該會議看起來有多麼重要。

　　你大概會問:「我如何知道我應該適用哪些不可妥協的原則?」我的答案是,只要留意一下你目前為哪些事情發愁即可。我知道你會想:「哈,聽起來真好玩!」不過說真的,挫折、壓力、埋怨和普遍

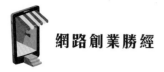

不開心在這個階段就是你的貼身盟友，將它們視爲過程中的指南針吧！這些情緒映照出你此刻出現狀況的地方，好讓你能夠用解方——也就是不可妥協的原則——來對付每一個困擾。

比方說，假設你在推動事業起步時，覺得不堪負荷、壓力破表。那麼你就可以制定一個每週在行程表裡多加二小時「自我療癒時間」的不可妥協原則，給急需休息的心靈喘息的機會。你給予自己的這個承諾可以大大改變你的心情，進而在重新投入工作時提升你的表現。

接下來我要分享自身所實踐的三項不可妥協原則，希望能啓發你的靈感，幫助你定義自己不可妥協的原則。這些原則徹底改變了我人生的局勢，而且我認爲它們也會與你產生共鳴。這幾個原則是：**荷比是我的第一優先、明定工作時間**，以及**社群媒體不會主宰我**。現在就讓我們深入探討每一項。

💲 不可妥協原則之一：荷比是我的第一優先

曾經有一段時間，我和荷比經常爲了「我工作時間有多長」——實際上就是指「我花在他身上的時間太少」——而爭吵。這種對話一而再、再而三地出現，在我們家引起許多摩擦。我和荷比的感情是我人生中最重要的事情，所以我知道我得做一點改變。

有一天下午，我把個人生活和職業生涯中讓我感到痛苦的重要面向全都寫下來。內容除了描述我倆不斷的爭吵，以及我後來埋怨荷比說我工作太多，另外也寫到我因爲太多事情需要完成而覺得自己快喘

不過氣。我很生氣，對擺在我眼前的工作感到火大，我氣荷比，也氣自己。大概花了二十分鐘寫完這些心情之後，我寫字的那隻手開始抽痛，眼淚如泉湧般流下臉龐，我低頭望著自己寫下的最後一件事：**我想念我丈夫。**

就在那個當下，我列出了我的不可妥協原則，而不可妥協的頭一條正是：**荷比是我的第一優先。** 為了落實這項原則，我必須用「不行」這句話來拒絕別人（或是「不行，但謝謝你詢問」）。我不可能答應所有出現在我眼前的事情，否則就得一週工作七十個小時才能應付得了。對正在戒掉討好他人習慣的我來說，這並不是容易的事。我討厭讓人失望，可是專注於第一優先要務——也就是與荷比相處、經營穩固又成功的婚姻——讓我有信心可以拒絕別人。

⑤ 不可妥協原則之二：明定工作時間

我的第二項不可妥協原則是明定工作時間且嚴格遵守。（聽著，我從未說執行你的不可妥協原則會很容易，不過我可以向你保證，如果你確實做到的話，絕對值得！）說起來我是那種一天可以工作十五小時的個性，這一點我實在不好意思承認。慶幸的是我很喜歡自己的工作，但是每天工作十五個小時不管對誰來說都是不健康的事，而且保證會把一個人的精力消耗殆盡。因此，我的第二項不可妥協原則就是希望可以把自己全心工作的時間，以及徹底抽離工作並照顧個人生活的時間劃分得一清二楚。

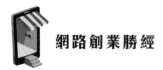

「工作時間」和「休息時間」之間的界線有時候非常模糊，特別是對在家裡工作的人而言。我深以為「工作與生活平衡」——至少是各占一半的那種——的概念並不存在，然而，工作與生活是有可能相互「整合」，關鍵就在於必須刻意去做。如果你的個性像我一樣，就明白以工作為優先對我們來說是很容易的事情，但我希望個人生活——包括我的健康、自我照顧以及我所愛的人——也是我的首要之事。

雖然心裡感到驚恐，不過我還是開始刻意在一天當中安插幾個不工作的時段，並在行事曆裡標記起來，以確保我會利用這些時段。我開始每天在工作之前預留一段時間，用日記寫作、和荷比一起喝咖啡以及帶我們家的狗史考特去散步來為我的早晨揭開序幕。另外，我也每天預留時間享用午餐。令我感到驚訝的是，我發現帕金森法則（Parkinson's law），也就是工作會用掉預先分配好的時間這個定律竟然是真的，即使我的工作時間變少了，但完成的工作量還是一樣多，甚至可以更多！

對你來說，工作與生活的整合可能意味的是每天工作六小時而不是八小時。也許你會承諾晚上七點過後就進入無工作狀態，也或許你決定早上十點以前不開工，只要是最適合你且支持你所渴望的生活方式，那就是最理想的做法。

⑤ 不可妥協原則之三：社群媒體不會主宰我

　　我的第三項也是最後一項不可妥協的原則，就是限定自己使用社群媒體的時間；這是非常艱難的原則！我會不知不覺滑著IG（Instagram），過了一個小時才突然回過神來，發現自己竟然花了這麼多時間。我相信你也有過那種「我快速看一下東西就好」的經驗，結果滑啊滑個不停，最後一下子變成四十五分鐘，在這段時間，同一個空間裡還有另一位重要的人，你卻沒有好好陪伴他，又或者原本你可以完成你事業某一個很重要的任務。我已經記不得有多少次荷比溫柔地問我「你在看什麼？」時，我才意識到自己一直在滑社群媒體，看著那些……不值得認真看的東西，感覺自己彷彿進入了某種恍惚狀態。他深情地將我從那種狀態中拉出來，但我希望他再也不必這樣做。我想善用時間，而放空腦袋在社群媒體上漫遊不在我的計畫之內。

　　如果想在事業上闖出一番名堂，同時又有時間陪伴家人，我知道限制社群媒體的瀏覽時間是勢在必行之事。所以，我承諾不在早上做例行工作期間滑社群媒體，也設下了家庭時間「禁用手機」的規定，並且限定自己每天瀏覽社群媒體的時間量。我們團隊也有一條開會時「無干擾」的原則，這表示我們會把手機靜音，放在遠處，以及關閉通知等等。如此一來，我們聚在一起時，就會全神貫注、投入當下。當然，我偶爾還是會失誤，在開會期間傳簡訊，或者是和荷比在一起時滑IG，不過自從我宣告自己的目標之後，這種小錯誤已經變得愈來愈少。

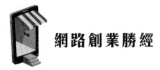

　　我之所以設下這些界限，是因為我知道自己經常錯過眼前正在發生的經歷。時間太寶貴，一丁點我都不想再浪費了。

你的不可妥協原則

　　現在，我希望你可以考慮制定自己的不可妥協原則。請記住，如果這樣做的話，你就可以守護自己的行事曆，保有專注力和工作效率，還有你的心態和人際關係，這些都是你打造事業和夢想生活的必備元素，而成功的關鍵就是致力於守住它們。

　　第一步：我想請你找個舒適的地方，準備一本筆記本，花十分鐘把目前一直困擾你的難題列出來。你有哪些日常的習慣已經無法支持你未來的目標？哪些事情讓你覺得卡住了？什麼事讓你有怨恨的感覺？你是否經常做一些會妨礙你快樂和成功的事情？有哪些你已知的干擾正在拖慢你的步伐？利用這十分鐘將想法寫下來或簡單列個重點。這個步驟的重點就在於把想法從腦海裡提取出來寫在紙上。

　　第二步：回過頭來看一看你剛剛寫下的重點，你覺得哪些難題最顯著？請圈出前三項。

第三步：針對你列出的三項最突出的重點制定不可妥協原則。在制定的過程中，請一併將你的價值觀和自身目標納入考量。你目前朝什麼方向努力？你覺得最重要的事情是什麼？從這些問題的答案著手，然後問問自己你可以堅定地守住或執行哪些界限、習慣或行為，幫助自己更接近最重要的目標？

以下列出一些常見的界限，可激發你的靈感，有利於你制定自己的不可妥協原則：

· 週末不工作
· 每天下午五點停止工作
· 每晚至少睡足八小時
· 每天至少運動三十分鐘
· 每天下午安排二十分鐘的小睡時間
· 真正有意願時才答應別人
· 一定預留時間接孩子放學
· 用餐時間螢幕不上桌

老虎時間儀式

當你開始將注意力和時間轉向自己的事業時，可能會覺得沒有足夠時間可以完成打造跑道所需的一切，包括沒有時間建置網站，沒有

時間在社群媒體上盡情發布貼文，沒有時間履行你收到的訂單，沒有時間回覆所有電子郵件。事實上，時間不夠用這種感覺只意味著一件事：你已經起步了，歡迎來到創業的真實世界！

我可以向你保證，在打造跑道的過程中，你的生活只會變得更加繁忙。你目前的工作、你的孩子、寵物、約會等各種事物，在你採取必要行動推動事業發展的同時，都會一直在你身邊分散你的注意力。有鑑於眼下是你的夢想與目標最為要緊的時刻，因此務必建立一套時間管理方法，來守住推動事業發展所需的時間，這樣就不必擔心其他責任也在爭搶你的注意力。

導入「老虎時間」就是解方！

「老虎時間」是指一天中你奮力守護的時間（就像母虎保護幼崽一樣），讓自己有專注的空間可以把注意力集中在你事業最重要的領域上。老虎時間的規則很嚴格，但獲得的回報十分巨大。

以我本身為例，我的老虎時間一律都用來處理內容創作。稍後你會在第7章看到，我全心全意致力於創作內容，藉此發展我的社群與事業。不過創意需要時間、幹勁和專注力醞釀而成，為此騰出空間也並非容易的事，比方說我試圖列出下週那集播客內容的工作表時，腦海裡總是冒出一大堆好像比工作表更重要的事情。不過我開始執行「老虎時間」之後，驚人的效果出現了。

自從我持續定期製作播客，這個節目就有了大幅成長，下載量來到五千多萬次，而且不斷增加中。我的社群媒體互動率也因為我致力

於定期發布內容而一飛衝天，這表示觀眾每天都可以固定聽到我的消息。我把這些飛躍式的進展歸功於「老虎時間」。

現在，要請你制定自己的老虎時間儀式，做法如下：先決定接下來三十天打算在「何時」處理你的事業以及花「多少時間」處理。換言之，選定每週哪幾天安排「老虎時間」並指定每一時段的長度。

舉例來說，你現在決定承諾每週二和週四早上以及每週六處理你的事業。選定每週的工作日後，請指定具體的時間，譬如你決定每週二和週四早上從七點工作到九點，週六則從中午十二點到下午三點。接下來就是最重要的步驟：安排行程後實際執行。這表示你要在行事曆中標出指定的時間，並在該時段上註明「老虎時間」，提醒自己這定好的時段十分寶貴，你應該奮力守住自己的承諾。

提醒你，老虎時間出現在你的行程裡之後，你會忍不住想跳過它，比方說你可能會把這段時間用來處理你生活中更為緊急的事情。我們致力於推動新事業的過程中，會出現既新鮮又不確定的感覺，所以開始工作後往往會感到不安和彆扭，甚至充滿懷疑。接下來會如何呢？我們會想出非常有效的方法來逃避這種不適感，那就是把其他事情變得更緊急或更重要。

這一點我再怎麼強調都不夠：除非你看清楚自己「對未知有恐懼」這個模式，否則恐怕會虛擲光陰多年也得不到什麼進展。千萬別讓自己發生這種情況！如果你決定執行老虎時間，請與這些感受共存，接納這些不適感，那麼我敢保證這些不安的感覺終將過去，你很快就會

發現自己專注且順暢地推動自己的事業；要不然的話，最後只會落得不斷延後實現自己夢想的下場——萬萬不可呀！

我想請你花一點時間想想看，如果你承諾堅守老虎時間的行程表，你的事業會出現什麼狀況。想像一下這個承諾所衍生的動力和清晰的目光，想像一下當你一次又一次履行承諾時，你會對自己建立多麼深厚的信任和信心。那種感覺很棒，對吧？

現在，我要你反過來想像一下，如果不為自己的事業騰出時間會發生什麼狀況。假設你任由行事曆上標記的老虎時間流逝，催眠自己有其他更重要的事情等著你去做。珊達·萊姆斯（Shonda Rhimes）是非常成功的電視製作人，她在其著作《這一年，我只說 YES》（*Year of Yes*）中引用了她二年前在母校達特茅斯學院發表的畢業典禮演講中的一段話：「夢想很美好，但就只是夢想，它轉瞬即逝，短暫又美麗。然而夢想並不會因為你光是夢想就成真，把夢想化為成現實的是努力耕耘，是努力耕耘創造了改變。」

一開始的時候，把時間騰出來作為「老虎時間」好像十分不便，但是賈伯斯（Steve Jobs）說得好：「專注和簡約……只要到達那種境界，你就能移山。」我完全同意這句話。你應該為正在發展的事業投入你的專注、時間和注意力，是否創造這個空間來實現夢想，決定權操之於你。

打造並保護你的工作空間

如果你現在還不是很清楚，我真的很想幫你守護和優化你的時間，這樣你才能帶著踏實的心情發展事業。不過我希望你可以同等重視另一個能夠成功在家工作的元素，那就是你工作的空間。在家工作十四個年頭之後，如今的我已經是擅長打造創意和工作效率兼具的空間專家。近來在家工作變得更加普遍，或許你已經配置好自己的工作環境。但如果你是第一次嘗試在家工作，又或者你只是想聽聽看其他建言，那麼以下是我的幾個好建議，可以最優化你的居家工作體驗：

◐ **設置專屬「工作空間」**。關鍵就是在家中找到一處安靜無干擾的地方（或至少是干擾盡量最少的地方）。假如這塊空間專門作為你的工作區域，不兼作家庭活動空間的話，最是理想。比方說，如果你挑廚房的桌面作為工作區，那就不是理想選擇，因為家人進出廚房時你就會受到干擾，而且到了用餐時間你還得把工作移開。另外一個考量點是，雖然未必有這種條件，不過找一個有門的空間可以讓你儘可能保有隱私。

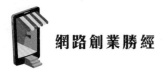
◐ **工作空間零干擾**。這包括實質和「情緒」層面的干擾。你需要將手機或其他通知關閉嗎？需要在門上掛上請勿打擾的牌子嗎？需要告訴家人你何時工作，以便他們尊重你的工作時間嗎？你應該積極採取行動，因為零干擾不會自然而然出現！

◐ **營造氛圍**。你需要添加什麼元素才能讓這個空間變得更有「創造力」？你每天得先清空桌面上的雜物才能開始工作嗎？點根蠟燭、播放柔和的專注音樂或開啟白噪音機，是否有助於你在工作期間更加全神貫注？回想一下你以前最專心的時刻，當時周遭的環境是什麼模樣。試著把類似的元素融入到你的工作空間裡。

◐ **尋求共同工作空間**。如果你環顧家中環境，發現根本沒有適合你工作的空間，或者你說不定是有旁人在反而更能集中精神的人，那麼不妨考慮花一點錢租用共同工作空間。過去我在家庭生活特別混亂的期間就曾經這樣做過，共同工作空間是我的救星，你可以按月租用小空間，或支付更少的費用租下共用區域的桌子即可。共同工作空間通常很安靜，空間的布置能激發專注力和效率，而且這種空間也提供建立社交人脈的機會。

無論如何請務必記得，你可以決定何時工作、如何工作以及在何處工作。擁有並經營線上事業意味著你能隨心所欲在自己挑選的地方工作，自由選擇生活方式和地點，便是自己當老闆最大的好處。

找砥礪夥伴相挺

大概在創業的頭兩年，我發現我並不喜歡自己開創的事業。我做了很多顧問和教練工作，輔導個別客戶，但我不喜歡這種工作。我迫切想要改變商業模式，可是不知如何下手，感覺自己一團亂。那段期間，我沒有人可以請益或尋求建議，我孤單、疲憊，覺得事情永遠不會照我的期望發展。

如果當時，我可以打電話或傳簡訊給某個值得信賴又完全懂我在經歷什麼的朋友，相信那幾個月我會好過很多，甚至說不定還能得到一些建言，有利於我在事業上進行非做不可的調整。但可惜這些都沒有發生，我在混亂中煎熬了數月，直到我鼓起勇氣把商業模式轉成銷售線上數位課程，結果發現這才是我的「甜蜜區」。然而當我回首過去，我很清楚若是有機會向某個同行伸手求援的話，可能很多迷惘和壓力我是可以避開的。這個故事有何寓意？那就是千萬別悶著頭獨自奮鬥。找一個你可以經常與之核對事業進展的人，而這樣的人物就是我所謂的「砥礪夥伴」。

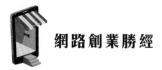

　　我的學生李是一位專業認證的整理師，她剛創業時就找好一小組砥礪夥伴。當時她一邊籌劃她第一個整理術線上培訓課程，一邊照料她年事已高又生病的姊姊，使得她原本就已經滿檔的日程更增壓力。不過她忠誠的「閨蜜夥伴們」在她創立和推動課程時，始終陪伴在身邊，鼓勵她繼續前進。她們每週日依然固定相聚，互相支持和打氣，李首次推出課程就成功賺到一萬六千美元，她把一部分歸功於這些支持她的女性朋友，多虧她們一路以來的指引。

　　我認為每個人都需要砥礪夥伴或小組，我自己就找過幾位，有些是付費請他們協助我保持當責，有些則是我的親密朋友。我找過的最佳夥伴是跟我同一產業的其他創業人士。為什麼呢？因為他們瞭解我和我的事業，也瞭解我這麼努力的原因。無論你選擇誰作為砥礪夥伴，這個人必須「懂」你和你所做的事情，如此一來他們才能用更貼近你需要又中肯的方式支持你。

　　我最初離開公司的工作時，加入了一個付費的智囊團，費用昂貴到令人咋舌。我沒有告訴別人這件事（除了荷比之外），因為那個時候我周遭無人能理解我為什麼要花這麼多錢。可是當時就如何打入一群像我這種正在前線奮戰，一邊開創線上事業、一邊兼顧繁忙生活的女性所組成的團體來講，花錢是我唯一知道的方法。這個小組的幹勁鞭策著我，其他女性成員也定期與我交流討論事業進展，督促我朝著自己設定的目標前進。

　　雖然我很喜歡這個昂貴的智囊團，不過你不必為了獲得厲害的砥礪夥伴而砸下重金。我也曾經不用花錢，就找到其他同樣強大的砥礪夥伴，我自己組了一個創業女性砥礪小組，成員都是我的同行，我們共同組了一個簡訊群組，定期相互交流了一整年。

　　這個小組無需費用，規定也一清二楚：當我們有關於行銷漏斗、文案撰寫、招聘和解僱方面的問題時，就互傳簡訊尋求諮詢。我們意志消沉時會和小組分享，請教如何走出低谷。我們也和小組分享自己的勝利和失敗，以及介於其中的點點滴滴。除了群組簡訊之外，每一季我們會在Zoom上會面，每位成員輪流發表，分享目前有效和無效的做法，從小組中獲取洞見與支持，每次的Zoom會面，最後都會以設定個人下一季要達到的目標作為結束。

　　我目前的做法則是幾乎每天傳簡訊與一位特定的女性朋友交流事業狀況，藉此保持我自己的當責。我會告訴她我現在所做的事情，然後她也會分享她目前手上的工作。當我們遇到困難或有問題的時候，就會互相聯繫，二人之間沒有正式的規則，不過這種方式很自然，效果也非常強大。

　　現在請思考一下，當你冒險開創新生活和新事業時，你周遭有誰是擔任砥礪夥伴的好人選？你可以請哪位朋友、哪個小群體或哪位支持你的家人來督促你，確保你會為事業展現自己、保持專注，並遵守對自己的承諾？這裡的關鍵在於你應該主動尋找砥礪夥伴，別坐等他們來找你。現在就積極尋覓吧，這樣才可以在有需要時立刻獲得支持。

在繼續深入探討你究竟應該爲哪些事情當責之前，我們先來個小小的精神喊話。在這一方面我不敢自誇，畢竟多年前我在創業之路上碰到特別艱難的情況時，爲我精神喊話的人是荷比。

當時我剛創業一年，正在籌備推出第一個數位課程，我壓力大到有點喘不過氣，對自己的能力感到懷疑。我望著荷比，淚如泉湧。

「太難了，」我對他說：「我常常覺得自己一團混亂，純粹是在隨機應變地摸索，我不確定自己做的是否正確！」

荷比看著我說：「你永遠都不可能知道所有答案，也不能等到把你的事業完全搞清楚，因爲不會有那麼一天。」他提醒我，要學的、要懂的和要做的事情一定只會更多。

他說：「史努克，」——他總是這麼暱稱我，眞不好意思——「你現在擁有的就已經足夠，不需要其他東西，只要開始去做就行了。你不會總是做對，所以不必自責，只要不放棄，你就會成功。我會一直相信你，直到你準備好相信你自己。你一定做得到！」

當他說完這些話，我擦乾了眼淚，重新投入工作。如果此刻你周遭沒有像荷比這樣的人給你這種精神喊話，那也沒關係，就由我來激勵你吧！

現在我就站在你面前，發自內心向你喊話。**你一定做得到！你已經起步了，真是了不起！我全心全意相信你！**我的朋友，這一切都是眞的，望你明白。

萃取你的「獨特之處」
⇨ 如何確定事業主題？

　　我們先回到十四年前聖地牙哥那間會議室。當我坐在桌旁聆聽那些創業人士述說成功的故事時，我就知道自己不再滿足於現狀。我想開始當家做主，開創自己設計的事業。

　　為了督促自己實現這個夢想，我把我的抱負告訴辦公室的一位朋友，她聽了之後也大表認同，十分鼓勵我，不過當她問我「你想創立什麼事業」的時候，我卻像猛然被車頭燈嚇到的鹿一樣盯著她看，因為我壓根就沒有什麼「大點子」，更不用說我完全不懂該提供何種產品才會讓人真的想購買。

　　我這位朋友經常編寫演講提綱和培訓素材，譬如數位產品和工作手冊指南之類的東西，我記得當時心裡想「她真幸運，如果她想當作家的話，一定不是問題，她有實力，我什麼都沒有」。

　　我覺得自己缺乏現在我所稱的「獨特之處」；也就是說，當時我看不出來有何特殊產品或服務是唯有我才能貢獻給這個世界的。小時候大人問起長大以後的職業志向——這個問題在美國人的童年裡大概

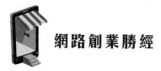

每五秒會出現一次——我總是茫茫然。**怎麼會有人知道自己長大以後要做什麼**？我心裡總會這樣想。

可是這種問題一再出現，所以有一天我問母親「她覺得」我應該從事什麼職業，她毫不猶豫建議我當空服員。從那一刻起，只要親戚長輩問我「艾美，你長大以後想當什麼？」我就會驕傲地回答：「空服員！」這個答案聽起來是個合情合理的選擇，不過有個小問題：空服員的實際工作內容是什麼我真的一無所知。

後來讀高中上創業寫作課時，老師出了一項題目為「我想從事的職業」的作業，於是我便查了一下空服員的工作內容，結果得知「真相」後，我感到一陣反胃——真的是字面上的意思。我本來就很容易暈車，所以靠飛行謀生對我個人而言有如置身地獄。我問母親為什麼會替我選這種職業，她回說：「我一直夢想四處旅遊，多看看這個世界，所以希望你能擁有這樣的生活。」原來，我一直都在演出母親的夢想，而不是我自己的！

過了十多年後，我渴望放手一搏，開創自己的事業，但對於自己長大後要做什麼依然沒有頭緒！就在這個時候，湯尼正準備推出線上行銷活動，宣傳他最新的數位課程。

有趣的是，這門課主要是教導學員如何按照自己心意經營生活，我則很幸運有機會參與這個專案，因而迅速入門了線上行銷的流程，包括網站建置、潛在客戶生成、行銷漏斗、網路研討會、產品推出等內容。我發現我真心喜愛自己學到的這些東西。

　　同時我也見識到許多人用各種方式將這些知識轉化爲全職的顧問工作。我突然有了頓悟：當時會議室那群談「生活方式自由」的男人，其實就是在講自己經營事業的感覺，而且正是線上行銷給了他們這樣的機會。

　　線上行銷，不就是我目前在學的東西！我發現自己正在累積的知識，說不定可以提供其他想創業的人一大助力，幫他們打造線上事業和開發數位課程。有了這種認知之後，我未來的種子已然播下。

你的北極星：決定你的獨特之處

　　我自己努力構思「大點子」的過程中，遍布著障礙、坑洞和無數的錯誤。不過，只要你找到那個點子，也就是能使你和你的事業脫穎而出的「獨特之處」，那麼一切──眞的是「一切」──就會豁然開朗、明確聚焦。雖然事業本身依然充滿障礙與挑戰，但往後沿路上就會有北極星指引你。打從我頓悟自己眞心想做的就是幫助其他創業者打造線上事業和開發數位課程之後，我事業前進的方向和目標就變得更加清晰。

　　這一章的目標是協助你著手找出可以讓你的線上事業與衆不同的「獨特之處」。你是否常常因爲穿搭方式或衣櫃整理得井然有序而受到讚美？你是否十分擅長在半小時內搞定一家人的晚餐？你的同事是否

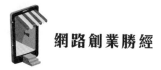

經常請你幫忙解決技術或某個軟體方面的問題？朋友是不是會向你討教手作的點子？你是否破解了如何在社群媒體上培養高互動粉絲團的奧祕？

我會在第11和12章詳細介紹多年來我自己事業所運用的三種賺錢商業模式，不過在這裡我想先概述一下各個模式，以便你讀到本章的練習時以及開始判別你的「獨特之處」時，對這些模式有一定的概念。

$ 賺錢策略之一：教練或諮詢服務

無論是一對一的教練課程、團體教練課程或諮詢課程，如果你有特定知識，或者你已經擁有（或能夠輕鬆開發）一套可以傳授或指導他人的機制，這就是很理想的商業模式。

$ 賺錢模式之二：服務型工作

這種模式需要將你的「獨特之處」應用在實際生活中，為客戶提供他們真正需要的服務。有別於教練和諮詢服務是以你教導客戶如何自行完成某件事為路線，服務型事業為客戶提供實際的服務，譬如會計師替客戶報稅，或是網站開發人員負責管理客戶的網站。

$ 賺錢策略之三：推出工作坊課程

推出一小時的線上培訓課程，讓你的受眾快速致勝，解決他們目前碰到的即刻需求或難題。

如果你幻想自己當老闆，但同時又因為缺乏驚天動地的點子而自責或覺得自己一無是處，請記住我接下來要說的話。當我接觸到線上行銷時，我找到了自己擅長的事情，還發現這件事可以幫助別人，同時我也樂在其中。這件事沒有拯救世界那麼偉大，但沒關係啊！並不是每一種事業都得治療疾病或解決世界飢荒的問題——事實上，大部分的事業都沒辦法做到這些。然而，這就是真正的「我」，那才是最重要的事，不要在起步前就對你貢獻的才華與價值加諸沒必要的標準，而阻擋自己前進的機會。

　　你也可以像艾莉莎一樣，她設計出一個課程幫助父母處理孩子挑食的問題，並因此提供足夠的財務自由，讓她的丈夫得以退休。或是仿效娜塔莉，她把自己擔任品酒師的經驗轉化成線上課程，教導別人像專家一樣選購、品味和搭配葡萄酒，而她的測試版服務推出後就吸引一百多名學生。卡莉達也是很好的範本，她教導踢踏舞老師如何提供令學生興奮的課程並提高報名率，現在的她覺得生活有了目標，因為她不僅影響了自己的學生，還影響了這些學生的學生。

　　艾莉莎、娜塔莉或卡莉達的事業點子應該不會獲得諾貝爾和平獎，但所創造的自由、喜悅、家庭時光、收入和滿足感卻多到遠超過她們的想像。這些點子確確實實改造了這些女性及其學生的生活，而且沒有絲毫不妥的地方。

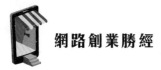

你真正想做的是什麼？

　　我希望當你想到你的事業大點子時，心中會湧起澎湃的熱情。以下這個簡單的練習就是要幫助你深入探索自己最狂野夢想，找出你「真正」熱愛的事情。

· 帶本筆記本或可以寫東西的平板，找一處安靜的地方舒舒服服坐下來，確保自己十分鐘不受打擾。若是有幫助的話，不妨設定計時器，或者專心進行直到自然完成練習。

· 閉上雙眼，做幾次深呼吸，然後提醒自己這個練習不是審查、修正或批判自己，也不必管合不合理的問題，其主要目的在於評估自己最真實的渴望，而這種渴望通常深埋在許多規則底下，所以把那些規則先放開吧。練習過程中，沒有所謂的壞點子，我們只是讓自己的思緒自然展開，無須讓別人知道你腦海裡浮現的想法或概念，這是專屬於你的私密時刻。

· 準備就緒後，問自己以下問題：**假如我不會失敗，錢也不是問題，那麼我想以什麼為生？**讓這個問題在腦海裡一遍又一遍重複，你的答案就會逐漸明朗。

‧邊思考邊在筆記本上記錄答案，或者最後整理時再一併寫下來。每個答案都彌足珍貴且價值萬分——這個練習沒有絕對的對與錯。

你可能會想出大點子，也可能不會，這個練習的目標在於讓想像力自由發揮，激發各種點子，探索各種可能性，並且把你認定自己能不能勝任某些事的這種畫地自限想法拋開。你的能力遠遠超過你對自己的想像，你只需要多夢想一點，然後努力去做就可以了。

甜蜜區

接下來我要提供一套方法，我稱之為「甜蜜區測試」，這套方法可以協助你開發事業的點子，並瞭解是何特色讓你的點子——最終也包括你自己——脫穎而出。你的事業點子若是通過這個測試，代表它是以下四個範疇的交叉點，那麼它將成為你下一場冒險的可行選項：

1. 你的一〇〇％優勢
2. 你在世上看到的困擾、難題、渴望或需求
3. 你的獲利潛力
4. 真正激發你熱情的主題

$ 你的一〇％優勢

很多人在創業時會覺得自己必須是「所有專家中的專家」才行，但事實上，這並非必要。你不需要高學歷來證明自己是某領域的權威，不需要成為備受讚譽的作家，也不需要擁有百萬粉絲，你只需要一〇％的優勢，這表示你只要超前學生的知識和能力一〇％就可以了。

「每一個人」都有技能，你也不例外。你的一〇％優勢意味的是你「已經」擁有的經驗——即你所累積的知識，抑或是你自己實現或幫助他人達成的轉變。你是否曾設計獨特的使用機制？你是否有可重複運用的特定做事方式？你是否分享了對某個既有主題的新做法？

我來舉個例子。我有一位學生名叫史嘉麗，她想找新工作，於是便開始在YouTube頻道記錄自己求職的過程，結果沒多久，她就賺到五千元美金的廣告收入，吸引了二萬名訂閱者。

史嘉麗將這件事視為徵兆：是時候把她的愛好轉化成真正的副業了。她把用影片賺錢的心得加以應用，設計了一門名為《YouTube簡單入門》的數位課程，教導他人如何像她一樣拍影片賺收入。史嘉麗不是經營YouTube的專家，但是她利用這個平台成功賺到錢。沒多久，她便得以運用課程的收益來開創新事業，現在這個事業每年都為她獲得六位數的營收。她善用自己一〇％的優勢，將它發揚光大、成就事業。

想想看別人都向你討教哪方面的事。你的朋友、家人和同事碰到什麼狀況會找你給建議？哪些事你可以一講再講，從來都不膩？你覺

得「太簡單」或像老習慣的事情,對別人來說可能完全無法企及。假
如你只是超前你的受眾一點點,但自己已經取得一些成果或是曾幫助
他人實現過,那麼你就確實擁有了成功創業所需的東西。

💲 你在世上看到的困擾、難題、渴望或需求

你的事業無論提供何種產品,都必須重要到足以讓別人心甘情願
投入金錢、時間和努力來獲取成果。你創立的事業是否含有可以讓人
生活更輕鬆的元素,比方說提供某種捷徑來解決過去難以克服的問題
或幫助他們達成深切渴望的轉變?你的事業是否爲別人製造機會,讓
他們有管道取得某種能讓生活變得更好的產品或服務?若是能找出這
個元素,它將成爲你增加價值以及將你的產品或服務推向周遭世界的
利器。

💲 獲利潛力

接下來要談的範疇就是確保你的點子有利可圖。你在選擇要提供
的產品或服務時,務必確認這是人們願意付費購買的東西,而最簡單
的做法就是去留意一下人們現在都花錢買哪些東西。換言之,你想幫
助的人們都買哪些類型的內容、產品或服務?他們是否購買跟你考慮
要創業的主題有關的課程、教練服務、軟體或 App?

到谷歌(Google)或亞馬遜網站(Amazon)搜尋一下跟你的點子
有關的書籍。哪些書籍最熱門且獲得最佳評價?讀者喜愛這些書的哪

方面？有沒有關於這個主題的熱門播客？它們的評價如何？人們在社群媒體上對哪些話題很狂熱？他們在社群和社團裡談什麼？花一些時間研究你的點子，確認它真的有市場，日後說不定可以替你省去很多煩惱。下一章我們會深入探討如何直接與你想服務的受眾交流，以此驗證你的點子是否可行。

$ 激發你熱情的主題

最後，你的點子應該是你「樂在其中」的事情。當你熱愛你做的事情，這種興奮感不但會體現在你產品或服務的品質上，也會反映在你談論它、行銷它以及你每天展現自己的方式上。你做的若是自己不喜歡的事，那麼碰到困難的時候，你可能會想放棄。但如果是能激發你熱情的事情，你就會覺得自己更有韌性，無論情況變得有多艱難，譬如技術失敗、某個客戶給你負評，又或者你的新點子沒有成效等等，你頂多只會將之視為一個小挫折。你會願意盡一切可能讓這個事業運作起來，因為你非常熱愛它。

我先前也提過，激發你熱情的東西「未必」要成為你人生的使命。如果真能這樣的話就太不可思議了，我也會為你感到興奮，不過不一定非得如此才能成功。只要你對自己的事業有一股熱情的「認可」就行了，因為這便能保證其背後有足夠的幹勁支持你度過艱難的時刻。這個認可或許來自於你分享內容的熱忱，或是你在教學時覺得樂趣無窮的心情，又甚至只是因為這個事業能讓你在孩子放學回家時

陪伴他們。激發心中熱情的東西完全因人而異，就像俗話說「蘿蔔青菜，各有所愛」一樣！

* * *

你的點子若觸及這四個範疇，就可以確信自己找到了甜蜜區，且你的事業具有「獨特之處」。以我的學生安德莉亞為例，她育有五個不到八歲的兒女，這些孩子都在學走路的年紀學會了如廁，安德莉亞知道她有特別的經驗可以分享給其他父母。多虧了她精通所謂的「排便溝通」技巧，她無庸置疑擁有了重要的技能與知識。

當她在瑜伽課堂上開始和其他媽媽們談論這個話題時，她發現周遭的家長有這方面的需求和渴望，而且也願意付費取得相關知識技巧。所以，儘管她從未想過要創立一個完整事業來傳授他人嬰兒如廁訓練的技巧，不過她初為人母時也經歷過苦尋不著簡單做法的過程，她知道幫助其他處於同樣處境的父母就是她真正的使命。她找到了自己的甜蜜區——如今這份事業讓她一天只需要工作三小時，卻有七位數收入！

現在你已經知道如何評估事業點子的成效，接下來我要直搗黃龍，化解我的學生在思索主題時會碰到最大的一個障礙：擔心自己的點子「已經有人用了」。

$ 沒有原創的點子

　　我的學生妮基決定調整事業，改而開始協助家裡有孩子面臨壓力、焦慮或憂鬱的家長，提供他們所需的支持和工具，讓孩子茁壯成長時，她以為她找到了世界上最獨創的點子。然後她著手針對目標受眾付費取得哪些服務進行一番研究，結果被打臉，原來已經有人在線上做這方面的培訓了。

　　然而，妮基成長於受虐家庭，後來又做了母親，她知道只有她能分享自己這種獨特的經驗。她厭倦一生過得謹小慎微，因此下定決心要幫助其他家庭停止這種代代相傳的惡性循環，開始培養有自信又自主的孩子，所以她放下對自己使命「已經有人用了」的擔憂，毫不畏懼地展現自己，開闢自己的市場和事業，並提供教練課程、工作坊和免費資源給有需要的家庭。

　　無論你是否有了點子，又或者已經著手研究可行的主題，你大概會注意到已經有人在做相似的事情。我敢打賭，你內心會有一個再熟悉不過的聲音嚷著：「我就知道！那個位置早就被人占據了，還是別丟臉，已經沒有我可以發揮的空間了。」

　　我剛踏入創業時，想傳授小型企業如何使用社群媒體，結果卻發現太多人也抱著相同想法，大概連這些人的兄弟姐妹也不例外！這是一塊競爭十分激烈的領域，已經有一些品牌占據了市場，讓我覺得好像沒有我的位置。

每個想要嘗試新事物的人都面對過這種感覺，部分是因爲這種恐懼並非完全毫無根據，畢竟這個世界上確實已經有數百名犬隻訓練師、造型師、健康教練、教師、美食部落客以及網路行銷人員。但是話說回來，他們當中沒有一個人可以用「你」的方式做你做的事情。甚至馬克·吐溫（Mark Twain）都曾說過：「沒有所謂的全新點子，不可能有這種東西，我們只是汲取了很多舊點子，把它們放進某種心靈萬花筒裡，然後轉一轉，這些舊點子就形成了新奇的組合。」

你需要做的就是找出甜蜜區，並且擁有你獨特的途徑來處理你選擇的主題——這是專屬於你個人的新奇組合——然後全力以赴朝著勝利的目標奔去。

拿自己和其他人比較會碰到的一個難題是，你很少能勝出，因爲在我們的內心裡，我們往往覺得自己不夠好。我們總是可以很神奇地抹去自己長久以來的成就，只專注於我們的恐懼和失敗。我們四處張望，放眼別人的成就，然後說服自己我們的進展不夠多或我們沒有能力實現夢想。我們該如何克服人類心靈這個小缺陷呢？

我想請你效法海餅乾（Seabiscuit）的做法；沒錯，我講的正是那匹不被看好的賽馬。牠成功的祕訣是什麼？一副「遮光眼罩」。賽馬戴那種怪異的護目眼罩，目的是爲了讓牠們對前方目標保持專注，不受到周圍發亮的物體或競爭對手的干擾。這匹馬不能往左看，也不能往右看，牠只能向前看。

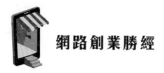

　　我的建議是什麼呢？像賽馬那樣戴上眼罩，全力以赴，專注在自己的賽道上，繼續前進。你有太多重要的事情要做，無暇關注身邊的其他馬匹。坦白說，他們與你的事業無關，而你的事業就在你面前，繼續保持專注。

　　於此同時，也請採用這個口號：「成功的機會豐沛，人人都有機會，我絕對應得也願意接受我的一份。」有需要的時候，隨時複述這句口號。當你把心態從尋找種種不能成功的理由轉換成真心相信自己不僅可以獲得成功，也「值得」擁有成功的話，那麼你展現的氣勢和追求夢想的方式將會大幅改變。

四個幫助你找到獨特之處的練習

　　現在我們已經積極處理了你在思索主題時可能會浮現的疑慮，那麼接下來就要來找出你最大的優勢，也就是只有你才能做到最好的事情，然後再結合你最樂在其中的活動。以下四個練習可以引導你腦力激盪，找出你某些做事流程的獨特之處，以及如何將之轉化為賺錢的產品或服務。

⑤ 練習一：用三天時間激發靈感且不加評斷

從你拿起這本書以來，你的腦海裡應該已經閃過了一些線上事業的點子。或許你在工作上對某個專案有十足經驗，心裡曾想過：「這個東西我可以教別人。」又或者你發現客戶或朋友總是卡在同樣的問題上，你知道如果把你的祕訣教給他們的話，說不定可以減輕他們的煩惱。這些都是靈感，別忽視它們。

我想請你在接下來三天裡，把想到的「每一個」事業點子都寫下來，無論它們是否可行、是否令你興奮，只要有點子，就把它列入清單。雖然我喜歡用筆記本記錄一切，不過我希望你務必隨時都能記下你的點子，所以我建議用手機的筆記App來記錄點子清單。

另外，我想請你每天刻意騰出一點時間腦力激盪，只要十分鐘就夠了。坐下來，對腦海裡浮現的每一個點子進行「大腦斷捨離」（用同一個App或紙筆都可以）。點子浮現時別去評斷它們，編修往往會阻礙創意的流動，只要記下每個點子即可，不管點子是好、是壞又或者看起來不太像樣，稍後在「實作行動」的練習活動中會用到這些點子。

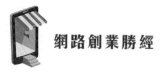

💲 練習二：找出已經成功的點子

尋找點子的時候，不妨從已經證明有效的事物中汲取靈感。比方說，也許你幫小企業報稅，或朋友來找你幫他們辦派對，又或者你設計的簡易機制可以在有限空間內種植蔬菜，又或許你有特殊方法可以教別人不必看譜就能演奏樂器。我們一起來探索一下你在哪些領域其實已經開花結果。

請問問自己下列幾個問題：

・你在哪些領域所付出的心血或專業知識已經獲得了回報？

・你的朋友家人向你尋求哪方面的建議和指引？

・假如你有一對一的客戶，或甚至你靠自己把某件事做得很成功，那麼你是用了什麼程序或框架來獲取成果的呢？

・你經常被問什麼樣的問題？你經常談哪些主題或別人總向你徵詢哪方面的意見？

・哪些已經存在的成功事業，你知道用你獨特的做法可以把它們做得十分出色？

・如果你已經有一群目標受眾，那麼常見的問題或評論是什麼？哪些內容最常被分享？

💲 練習三：從自身的轉變抽絲剝繭

想一想你所有重大的人生經歷，然後再思考這一路你提升了自己哪些層面，以及你克服了哪些障礙和煎熬才能走到現在。你的受眾眼

下可能正經歷你幾年前所走過的處境，若是有一個框架能幫他們得到像你這樣的成果，或許這就是他們渴望和需要的東西。你分享個人轉變的故事不但能鼓舞人心，同時又能引起共鳴。不妨把自己定位成嚮導，指引受眾獲得他們渴望的轉變，而且還是你親身經歷過的，這樣更能夠真正讓你的學生置身於你的視角。

想一想你幾年前渴望擁有而如今真的實現的東西，無論那是你克服的一個挑戰或你達成的目標或夢想都可以，然後問自己：我是「如何」實現這件事情的？我做了什麼具體的行動才能達到現在這個成就？那個「獨特之處」或許就潛藏在這些問題的答案之中。

以卡特莉娜為例，這位忙碌的兒科醫生覺得自己很不快樂，身體又欠佳。她並不想創業，那些最瞭解她的人也會說她沒有絲毫創業家的氣息。不過工作多年之後，她感到精疲力竭，有如一灘死水。為了重新把生活過好，她邁出的第一步就是培養健康的習慣，減重二十公斤，讓自己恢復健康。

卡特莉娜成功減重之後，也想幫助其他女性減重重拾健康。她知道很多女性有壓力胖的困擾，這都是為了應付滿檔的行程而匆忙進食的結果，所以她利用自己親身用過的流程，開始指導其他女醫師，進而開創了一個事業，讓當醫生的她得到從未有過的自由。

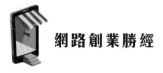

$ 練習四：魔杖問題

有一個絕佳做法可以幫助你抓出目標受眾感興趣的主題，那就是直接徵詢他們面對的困擾或渴望達到的成果。如果你還沒有受眾，那麼不妨找五位適合作為受眾或是能給予建設性意見的親朋好友，向他們討教。你可以利用我的魔杖問題來進行：

假如你一揮魔杖就能解決〔插入你的事業領域〕的最大難題，那個難題會是什麼？

假如你的事業點子是時間管理教練服務，上述提問則可以改成「假如你一揮魔杖就能解決你時間管理方面最大的難題，那個難題會是什麼？」或「假如你一揮魔杖就能把日程安排得很流暢，那會是什麼模樣？」或甚至可以是「假如你一揮魔杖就能解決待辦清單上所有的任務，那會立刻對你的生活產生何種影響？」

這類問題的奧妙之處在於，你不但可以從受眾的答案獲取重要資訊，而且還能直接以「他們的確切說法」理解這些資訊，讓你洞悉什麼樣的語彙最能引起他們的共鳴。更重要的是，你由此開啟了與他們交流的管道，這正是經營人脈關係，日後再轉化為銷售的大好機會。

收到的回饋意見無論多寡，即便只有一個或多達數百個，請你盡量予以回應。開始行動吧！你可以把提問發布到社群媒體上，或發信聯繫你電子郵件清單上的訂閱者（如果你沒有郵件清單，還請耐心等

候，我們會在第8章討論這個部分），請他們回覆意見。這個魔杖問題有利於你深入瞭解受眾飽受困擾之處，一定要多加關注。

便利貼派對策略

以上討論過幾個可激發創意流的策略之後，現在就讓我們實際採取行動。

◉ **回顧上述四個練習所取得的答案**。如果你尚未完成以上練習，則利用已經得到的答案，然後安排時間做完其他練習！

・回到你在練習一所記錄的主題清單。（我說過我們稍後會用到這張清單，對吧！）一一讀過每個項目，然後問自己：**如果你不會失敗，錢也不是問題，你會怎麼做**？

・檢視你在練習二得到的答案：哪些領域已經成功了？別人可以付費向我取得什麼？親朋好友經常向我徵詢哪方面的意見？

・查看一下你在練習三取得的線索：你的人生有哪些進步之處？你克服過哪些困擾？你達成了什麼目標？

・回顧你在練習四向受眾提出魔杖問題所收到的回覆。

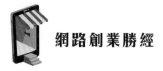

✅ **選一個可以激發你熱情的主題**。請記住，這個主題不必是你這輩子唯一重要的東西！你還在探索中，盡量保持心態開放。

· 安排二十分鐘回顧你所有的點子。

· 把能激發你熱情的點子標示出來。

· 檢視其他的甜蜜區範疇，圈出與你的技能、你在周遭世界看到的需求相符又具獲利潛能的主題。

· 選擇最符合所有範疇的主題。

✅ **腦力激盪你的獨特途徑**

· 準備一疊便利貼和你最愛的麥克筆。建議你找個有一片空白處可用的地方，譬如站在牆壁或鏡子前，這樣就可以把便利貼都貼上去，一目了然。

· 把計時器設定二十分鐘，然後開始把你想到的每一個跟事業有關的點子、故事、片段內容、洞見和執行項目寫下來並貼上去。現在不是評斷或編修點子的時候，所有的點子都要寫在便利貼上！

假設你是兒科職能治療師，熱衷於協助家長找出解決方案，讓他們的孩子從小就享受每一種食物。如果你和客戶做一對一的會談，請把你目前和他們一起進行的所有活動都記錄下來。你若是在初次與他們會談時會問一連串問題，也請把問題全都寫下來。或者你有一套經過驗證，而且經常反覆使用的策略，把它們記下來。

又或許你不是職能治療師，但你找到一種方法可以控制自家孩子的挑食問題——這意味著你獲得了成果！那麼在這個步驟中，寫下你製作的食譜、你用在自家孩子身上的策略和技巧，以及你本身和你在應對孩子時必須做哪些心態調整。便利貼上可能會有類似以下的內容：

· 簡單的餐點構想
· 如何導入杯子：訓練水杯、吸管、開口杯
· 點心和正餐的內容
· 嬰兒自主斷奶
· 挑食的孩子實際上的飲食內容
· 一百個導入原則
· 安全食物
· 父母在用餐時間的角色
· **一起**用餐
· 故事：傑克吃壽司
· 如何為不同年紀的兒童準備食物
· 預製的零食和袋裝食品
· 飲料：牛奶、水和果汁
· 導入餐具
· 進食時弄得亂七八糟

· 餐點的分量大小
· 家長常犯的錯誤

✅ 整理你的框架

· 從所有便利貼中抓出相似主題，再根據這些主題加以分門別類。

· 問自己以下問題：**我該怎麼分享這些點子？**（比方說你有妥善安排一天或一週的特定做法，你就可以把這個做法轉化成「日程規劃工具」）；或是**我如何設計出一個可以讓我重複用在處理每一個客戶的機制？**（譬如你是網站開發人員，有一套能夠用來建置不同網站的特定流程）；又或者是**我如何教導別人這個主題？**（也許你是美容專家，可以提供學生指導課程）。

· 把你做事的框架、機制或流程分解成一個個最基本又容易理解的小步驟。你在交付產品或服務時需要採取哪些階段或步驟？

· 如果你發現某個步驟漏掉了，就把它補充進去！

✅ 排好框架的順序

· 把每一組便利貼排出合理的順序。哪些事情應該先完成？哪一部分的途徑有助於奠定基礎？接下來要做什麼？

· 排好每張便利貼之後，將此框架的每一個部分命名，譬如「第一步：餐點的製備機制」或「第二階段：幼兒心理學的基礎知識」。

勇氣有別於自信

在繼續往下探討之前，我想為你到目前為止所展現的勇氣鼓掌喝采。做完本章的練習是一件非常有挑戰性的事情，因為這些練習迫使我們去面對我們害怕自己一無是處、什麼都配不上，沒有原創的點子可提供又無法創造價值的恐懼。但是我可以向你拍胸鋪保證：當你願意正視這種內心的彆扭時，就已經充分展現了你的自我，以及你的事業有成功的潛能。在未來的旅程中，勇氣正是對你有莫大助益的特質。

還請特別留意，我說的是「勇氣」，不是「自信」，這二者之間有很大的區別，我認為講到網路創業的建言時，大家往往搞不清楚其中的差別。

勇氣是你「選來」的，而自信則是「贏來」的。

這樣看來，必須先有勇氣，自信才會到來。自信在這個階段並非必要，也不見得一定要具備。從另一方面來說，勇氣卻是必要的。我剛創業的時候，時常事後批判自己，從未完全相信自己適得其所，總拿自己跟某個事業超前我好幾光年的人比較。如果我當時能夠明白自己本來就沒有資格感到自信，肯定可以減輕許多憂慮、迷惘和壓力！

勇氣早就深藏在你心裡，如果你不是勇敢之人，現在就不可能讀這本書。你已經放手一搏，承認了你渴望更多。即便你沒有確鑿證據顯示事情最後一定會成功，但你還是賭上了自己；即便你不知道結果，你依然追隨著自己的夢想。這就是勇氣。

當你逐漸將小小的成功串連起來，並從失敗中學習，那麼勇氣便會慢慢轉變爲自信。自信是鼓起勇氣放膽一試之後的結果；它是你有了足夠的證據和經驗後，由勇氣所轉化而成的東西。你的自信會隨著每一次的獲勝，譬如你的網站上線，社群媒體開始吸引你心目中的受眾，又或者是你在線上完成第一筆交易等等，自然而然地增長。但失敗也有它的貢獻；每當你跌倒又重新站起來時，自信也會變得更強大。

自信會到來，但不是立即出現，這就是我不希望你在創業旅程的初期就試圖「找到自信」的原因。我們反而應該仰賴勇氣來起步，勵志演說家梅爾・羅賓斯（Mel Robbins）在其著作《五秒法則》（*The 5 Second Rule*）中說得很有道理：「對自己的信心，是日復一日有勇氣的作爲所建立起來的。」如果你想擁有自信、控制局勢，以及主掌自身命運的感覺，那麼我的朋友，只要勇敢邁出你的第一步即可。

親愛的，你不需要所有人都喜歡你

⇒ 如何確立你的理想客群代表？

　　米莉是一位ESL教師，專門教導英語作爲第二語言的學生英文課程，她的學生主要是中學程度的移民和難民。米莉就像許多老師一樣，不斷尋找可以幫助學生更有效學習的資源與技巧。她花很多時間上網搜尋，參閱教師論壇和各個社群，可惜一無所獲，所以她決定親自動手，建立自己的ESL教師資源，她知道這種教材不但能滿足自己所需，也可以嘉惠許多同行。

　　起初她專注於協助各級ESL教師，設計出一套完整的課程，讓學期中任何時候來校就讀的新ESL學生都能瞭解他們的新環境。可是一週又一週過去了，她發現她的電子郵件訂閱者清單（也就是想獲取她所設計的課程而提供電子郵件地址的人）一直都停留在個位數。她並沒有得到心目中想發揮的那種影響力，而且說實在的，她的訂閱者差不多有一半都是家庭成員，這位英語教師不知該如何是好。

　　走在創業這條路上，務必瞭解你在對誰說話、爲誰創作以及銷售給誰。初出茅廬的新創業者，往往想要一網打盡，吸引最大範圍的受

眾,但找到屬於自己的市場,並勾勒出理想受眾的樣貌,忠實反映他們的渴望及其面對的難題,這才是正宗做法。

多年來試圖迎合每個人的需求之後,我終於學到教訓。雖然我正在戒掉討好他人的習慣,不過以往我總希望我的工作能讓「每個人」開心滿意,可支援「每個人」,確保「每個人」都有被當一回事的感覺。打開天窗說亮話,我其實希望每個人都「喜歡」我。(我討厭承認這一點!也正在努力改進!)問題是,當你從「一定要讓每個人喜歡這個東西」的參考架構來開創事業時,你就必須淡化自己的理念,才能迎合他人的各種觀點。在這個過程當中,你很有可能到頭來只會打造出一種既平淡無奇、看起來「還可以」,但沒有魅力的事業。

有一天我工作壓力特別大,忙完後我想放鬆一下,於是打開IG滑了起來,可是我犯了一個錯,滑去看了我最近一則貼文的留言。我在那則貼文裡分享了幾個如何在線上宣傳方案的做法,結果有幾個人在留言裡一搭一唱表示我的做法很弱,還說我不知所云,一個人甚至標記了其他帳號以便追蹤更好的建議!我的火氣開始湧上來,心臟狂跳,而且馬上開始質疑自己——**他們說的是對的嗎?其他人會不會看到留言**然後就認為**他們講的很有道理?**

這時我知道我得請求支援才行,而在大部分的情況下我都會打給茉莉。

我和茉莉‧史塔（Jasmine Star）是在一個智囊團認識的。他們邀請我擔任客座講者，談一談我如何發展自己的事業。活動當天，我發現茉莉要講的是社群媒體方面的主題。我受邀參加這一段講座，不過我心裡有些猶豫。**我對社群媒體瞭如指掌**，我記得自己當時這樣想。**她能教我什麼呢**？結果她才開口講幾句話——如果你認識茉莉，就會知道她講話速度非常快——我就發現她是個特別的人。

她的演講融合了真知灼見與愛之深責之切的氛圍，一方面給你所需的建言，另一方面又督促你採取行動……馬上，莫再蹉跎！我喜歡她強烈積極的作風，從那一天起，我們很快就成了朋友。

那天我發了一則緊急求救的簡訊給她，並附上留言的截圖。**我應該回覆那些留言嗎？應該刪除這則貼文嗎？應該改變我的行銷策略嗎？我該怎麼補救這個情況，才會讓大家重新喜歡我？**

她給了我什麼精簡又理想的回應呢？「親愛的，你不需要所有人都喜歡你。」

如果我是卡通人物的話，你一定會看到我頭頂上冒出一顆發亮的燈泡。我在那則貼文中表達了某種立場，所以喜歡這個貼文的人就是「我的人」，不喜歡的人呢？他們會取消追蹤我，然後另尋適合他們的老師。茉莉提醒我不必滿腦子想著隨時討好每個人，我已經有特定的目標受眾了。

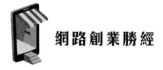

那正是我當時需要聽到的建言，也是所有創業者在起步時需要聽到的提醒。創業的意義就在於選擇一群受眾，然後盡你所能爲他們提供服務。這個服務對象不是「隨便哪個受眾」都行，你必須找到那些懂你、和你有共鳴並想要你陪他們走下去的人。創業並非爲了滿足每一個人，而是要真誠表達自己，如此才能開始吸引「適合」你的客戶。

請相信我，這方面我自己也還在努力中。負面留言仍會令我難受，不過茉莉的觀點已在我內心深處扎根：**我可以不需要所有人都喜歡我**。因爲比起被喜歡，我更想要用我對事業發展的獨特看法來幫助其他的創業者。

如前文提過的，沒有點子是全新的，讓某位教師從衆多教師中脫穎而出的元素，在於我們如何「詮釋和應用」我們的智慧。就以擴充電子郵件清單的過程爲例，其實市場上就有數百位行銷專家在傳授如何擴充清單的策略，包括我在內！正如我稍後會在第7章指引你的，我的擴充策略中有一個重要主軸就是每週都創作原創的免費內容。但這個產業中有很多人並不贊同，他們認爲每個月創作一次內容或覺得時間適合就創作，然後發布在社群媒體上就夠了。他們有自己擴充電子郵件清單的方式，與我的做法不同。

如果我想迎合所有人，這時可能就會說：「我的建議是每週創作一次內容，不過話說回來，如果你覺得一個月一次更適合你的話，那也無妨。」但你感覺到這對教學產生了影響嗎？這樣做會產生淡化的效果，讓教學力道變弱，而且沒有反映出我真正的感覺。

我知道每週創作內容並非輕鬆的任務，事實上這需要下很多功夫。把這種做法作爲我事業發展策略的主軸之一是很冒險的，因爲並非人人都願意這麼做。可是我對這個策略深信不疑，它爲我和我的學生發揮了很好的效果，即使我也很確定，由於這是一個很難完成的要求而流失了訂閱者，不過對我來說沒關係，因爲我現在擁有滿滿一群「願意定期採取行動擴充郵件清單的創業者」受眾。

　　或許你會想：「但是艾美，**如果**我界定得那麼**具體**，恐怕會篩掉很多潛在客戶！」這我可以理解，所以請確實做到你在縮小受眾範圍時，不會因爲先入爲主的觀念或歧視而排除了潛在客戶（這一點稍後會有更多說明）。然而，如果你對自己的特色、定位以及你想服務的客戶類型有明確的定義，那麼比起一直採取「我需要所有人都喜歡我」的方向，你一定會吸引到更多客戶。

　　然後你會開始聽到有人說：「這正是我需要的！」或「你怎麼這麼懂我？」我所謂的「認識你、喜歡你和信任你」要素就是這樣發展起來的。你的受眾知道你的存在和你提供的方案，他們也喜歡他們看到和消費的內容，然後逐漸信任你會提供可靠的服務。這個時候，你就知道自己做對了。

　　如果你還是有點猶疑，那麼我們再回過頭談談我那位很難將教材推廣給適當受眾的ESL教師米莉吧。過了幾個星期，米莉十分沮喪，不過她決心不放棄，於是她加入一個以中學ESL教育者爲主的臉書（Facebook）社團。自從她在社團與其他成員互動後，很快就領悟到

中學和高中的ESL教師在學生和課程設計方面所遇到的挑戰,與小學ESL教師截然不同。她將注意力轉向年齡較大的社團,向社團成員介紹她設計的具體課程指南,結果米莉的電子郵件清單幾乎馬上就增加了一百倍,開信率達八〇%(對她而言是前所未見的數據),這正是她願意清楚界定自己受眾屬性的緣故。

現在輪到你上場了。首先你應該瞭解什麼是「理想客群代表」,才能明確界定你理想客戶的樣貌。

找到你的理想客群代表

我們先從下定義開始。所謂「理想客群代表」指的就是你理想客戶的樣貌,他或她會渴望得到你創作的確切內容、產品和服務。還記得上一章的甜蜜區測試嗎?你透過這個測試,抓出了你在周遭世界看到的困擾、難題、渴望或需求。你的理想客群代表正是有這些掙扎、難題、渴望或需求的人,而且這個人會從你事業所提供的東西獲益匪淺。

你的理想客群代表可能是以你認識的某個真實人物為依據,又或者是由不同的人物所融合而成,無論是真實或虛構的。很多時候,你的理想客群代表其實就是尚未找到目前要提供給客戶的解方之前的那個你,也有可能是你最優質的一個輔導客戶,或者是你的家人或朋友。

無論你的理想客群代表是誰，不管他是真實的還是虛構的，我希望你先想像他的樣貌，並且在回答以下這組問題時，把這個人物形象牢記在心中。如果過程中卡住了，只需要想一想：**這個客群代表會怎麼做、會說什麼、會有什麼感受**？

🔒 以你的「獨特之處」或事業主題而言，你的理想客群代表「目前」有什麼困擾？他們最大的痛點是什麼？如果你的主題不能解決痛點，也許它可以滿足某種「渴望」。假如是這種狀況的話，那麼你的理想客群代表最大的渴望是什麼？

🔒 你的理想客群代表必須先瞭解、知曉或相信什麼，才能準備好向你購買？

🔒 如果你的理想客群代表猶豫要不要向你購買，「目前」可能是什麼原因阻止了他們？

🔒 以你的「獨特之處」或事業主題而言，你的理想客群代表想要獲得更多什麼？比方說，想要更多時間？更多自由？更多金錢？更多信心？更多平靜？更多連結？更多喜悅？

🔒 你的理想客群代表從你事業所提供的內容（即產品或服務）受益之後，他們想達成什麼「具體」的轉變和（或）成果？

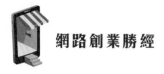

如果你能肯定地回答上述問題，就表示你對自己的理想客群代表有充分的認識。但假如你覺得自己不是很篤定，必須進一步做功課的話，你並非唯一有這種感覺的人。又或許你本來以為自己很瞭解目標受眾，可是在回答上述問題後，卻發現你不是那麼肯定。沒關係！大多數人其實都需要深入探索，才能對理想客群代表有更清晰的認識。

隨著你與理想客群代表在線上更加頻繁地互動，他們的樣貌會逐漸變得更加清晰，不過於此同時，我也設計了一份更為詳盡的清單，可以協助你找出理想客群代表的一些具體特徵，以及能夠應對他們思考與感受方式的共通模式和主題。

深入瞭解你的理想客群代表

深入瞭解理想客群代表對於創業成功具有十分關鍵的作用。如果現在就做好這件事，你就能對你要服務的對象以及可提供的方案有清楚明確的概念。界定理想客群代表的樣貌時，應當以具體而全面為目標。

線上空間有各式各樣的聲音爭相吸引每個人的注意力，因此你想傳達的訊息如果沒有精準的焦點，就很有可能迷失在充滿噪音的汪洋大海中。若是你打造的語言可以引起理想客群代表的共鳴，那麼即便身在繁忙的線上世界，你也依然能輕而易舉獲取他們的注意力。以下

列出幾個面向，幫助你界定理想客群代表的樣貌，請邊讀邊「仔細」思量，如果有需要的話，不妨一邊做筆記，我們會在本章結尾將這些面向加以統整。

💲 內容消費

理想客群代表喜歡消費何種類型的內容？他們喜歡閱讀嗎？如果是的話，他們最喜歡閱讀哪些書籍或部落格？他們喜歡聽播客嗎？他們愛看電視或電影嗎？如果是的話，他們喜歡觀賞哪些節目和電影？他們喜歡聽音樂嗎？如果是的話，他們喜歡哪種類型的音樂？

💲 個人時間

他們在休閒時間喜歡做什麼？他們有何嗜好或興趣？他們是否參與有組織的課外活動？他們是任何董事會、協會或委員會的成員嗎？

💲 職業生涯

他們靠什麼為生？這個職業是否就是他們身分、使命或天職的一部分，還是為了賺生活費而從事的工作？他們是否在特定產業有明確的職稱？

💲 線上行為

他們上網時把時間用在什麼地方？他們上網使用搜尋引擎、讀取

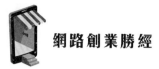

和回覆郵件，還是線上購物？他們如何與社群媒體互動，只是滑一滑還是會留言？他們偏好IG、臉書、Twitter、TikTok、Pinterest或者是LinkedIn？他們可能加入哪個特定或哪種類型的臉書社團或網路社群？

⑤ 導師

什麼人激勵他們？他們向誰學習？他們喜歡在線上追蹤哪個人物、哪些人或什麼社群？為什麼他們會被這些人吸引？

⑤ 幸福感

他們滿意生活現狀嗎？如果是，他們的喜悅從何而來？如果不是，什麼阻礙了他們實現幸福？他們的生活狀況如何，經常感受到什麼情緒？他們生活中最大的痛點或挫折是什麼？什麼讓他們難以入眠？

⑤ 特定族群樣貌

為了真正找出你理想客群代表的樣貌，不妨深入探索他們是否具有特定特徵。舉例來說，你是專門與孕婦和產後婦女合作的陪產員嗎？你是否專精於協助嬰兒潮世代做投資，讓他們能順利退休？你是否幫助非英語人士學習英語，以便他們適應職場生活？

*　　*　　*

瞭解上述面向有助於你將理想客群代表的細節去蕪存菁，讓你能夠深入探索他們的思維，進而在創作內容時確切瞭解他們的渴望與需求。

打造多元性的理想客群代表

　　現今世界對於包容和排擠這種長久以來遭到忽視的話題，開始有了諸多討論。我們在選擇理想客群代表的時候，有一些做法「可能會」強化刻板印象，把不符合你客群定義（可能過於狹隘）的潛在客戶排除在外。比方說，假設你為新人提供婚禮策劃服務，可是一直以來你只專注於為異性戀關係的新人服務。又或者你教導網路創業者如何駕馭事業的技術面，但你發現你不知不覺只與某一性別、種族或年齡層的人交流。

　　我希望你在做本章的練習時，隨時將自己的理想客群代表放在心上，接著我想請你擴大視野，問自己是否有機會採取更多元與包容的路線？多年來，我的理想客群代表其實就是我從員工身分轉成創業者這一路走來各種不同階段的自己，換句話說，這個代表的樣貌是一個三十多歲、受過大學教育且經濟獨立的白人女性。雖然這使得我所要傳達的訊息顯示出強烈意圖，但也因此排除了大範圍的族群，而這些人本來可以從我提供的服務獲得巨大價值。

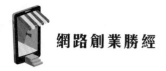

這並不是指你創作內容、打造產品和編寫行銷素材時，不必界定理想客群代表的樣貌或考量到這樣一個契合的目標人物，但這確實也意味著，你有機會把不同種族、年齡、性別認同、能力、性取向、家庭動態、宗教和信仰的人納入你要傳達的訊息中，只要他們對你提供和教導的內容有需求或渴望。

你的客戶在外貌和生活經歷上各有所別，但他們都是因為你的產品或服務所提供的機會而連結在一起。不管怎麼說，最重要的就是你應該深入瞭解他們，並且下功夫掌握他們的動機、思考方式和所面臨的困擾。

等你在本章結尾的練習中完成理想客群代表的描述之後，我會建議你退後一步，看看可以調整和更新他們故事的哪些部分，確保你保有精準又全面的洞見。

我們舉個實際的例子來看，Thinx是一家生產經期生理褲的公司，他們把公司口號從「專為生理期女性」修改為「專為生理期人士」，把跨性別社群包含在內，就是因為認知到月經並不專屬於特定性別，也非界定特定性別的要素，而且不是所有女性都有月經，也不是所有有月經的人都認同自己是女性。以我為例，我就改寫了我事業的理想客群代表描述，使其樣貌不再侷限於在公司上班且年齡、種族、家庭狀況相似的女性，這樣做有助於我在創作內容和行銷時更具包容性。

一片茫然怎麼辦？

如果你讀到這裡時心裡想「艾美，這些問題我沒有一個答得出來！」我要請你深呼吸，然後告訴自己，從現在起只會往好的方向發展！也許你剛入行、還未擁有社群追蹤者，或是想先兼差找到一、二位客戶但尚未有著落，亦或是你沒有與理想客群代表互動的經驗，所以不瞭解什麼可以引起他們的共鳴，不管是哪一種狀況，可想而知你現在一籌莫展。我提供以下幾個訣竅，讓你能在尚未有目標受眾的情況下瞭解他們。

◉ **善用資源**。事業點子並非從天而降，你心中其實已經有一些想法，只是需要你集中心力。不妨根據經驗猜一猜，等獲悉更多資訊時再加以調整。也可以向親朋好友徵詢意見，或者上網做一點研究。開始去做就對了！

◉ **搜尋網路社群和論壇**。猜猜看你的理想客群代表會參加哪種臉書社團？從那裡開始閱讀留言、瀏覽貼文，看看哪些內容互動率最高。到Reddit輸入關鍵字進行搜尋，找出最熱門的話題或最有影響力的內容。

◉ **觀察類似的受眾**。在你試圖進入的市場或產業找出那些已經有目標受眾的創業者，瞭解一下他們都在談什麼主題。哪些類型的內容會激起共鳴？留言當中出現哪些類型的問題、挫折或甚至慶祝活動？

- **與你的理想客群代表交流。** 參加他們可能會參加的活動,和他們聊一聊,多多瞭解他們的背景資訊,包括他們是誰、什麼會讓他們感到興奮、他們目前在做什麼、他們遇到什麼困擾、他們有何夢想,以及他們可能陷在什麼樣的情況裡。

將理想客群代表化為現實

當你將理想客群代表的渴望與需求描繪出來,並想像了客群代表的全面特徵後,我要你著手寫下他們的故事,而且請真正寫出來(或打字),不要只在腦海裡敘述。以我的事業為例,我就針對每條產品線的理想客群代表各寫了一份人物說明。每次我和團隊撰寫電子郵件、進行培訓,或者是創作新內容來激勵理想客群代表時,都會提醒自己這個人的樣貌。以下是我招牌課程「數位課程學院」(Digital Course Academy)的理想客群代表簡要說明:

黛娜是個三十九歲的單親媽媽,有二個孩子,她努力勤奮、是個充滿衝勁的全能型高手,同時也是有抱負的創業者。

黛娜這位聰明、進取又充滿雄心的女性，這一年來一邊照顧家庭，一邊堅守她的護理工作，並努力將大多數人眼中的嗜好──她親手編織的舒適毛衣──轉化為事業。無論黛娜手上的挑戰是什麼，她總是低調埋頭苦幹。

　　然而過了一年之後，黛娜的副業並沒有帶給她原本期望的自由、彈性和豐厚的收入。她發展自己編織事業是想多花一點時間陪孩子，最終能完全離開現在的兼職工作，結果大部分的日子都在沮喪地吶喊：「我分身乏術啊！」

　　黛娜準備改變她的商業模式，從出售手織毛衣──這種做法的收入受限於她能產出的毛衣數量──調整成可以一邊做護理工作、照顧家庭或享受生活，同時又能產生收入的模式。

　　她發現數位課程是理想的選項，理由有二：首先，這可以教會人們如何替自己編織美麗的毛衣。其次，數位課程能夠讓她在時間沒那麼壓迫的情況下實現收入目標。她不但已經有了一些課程方面的構想，對於目標受眾有紮實的瞭解，也積累了成功的經驗，就其市場來講她擁有豐富的專業知識（從二十七年前祖母初次教她編織以來，她就一直在這個領域耕耘），而最重要的是，她有採取行動、做出重大改變的渴望。

　　但從另一方面來看，黛娜對於自己是否有能力教導他人，並在自己的領域中展現領導力似乎沒那麼自信。她當真能以數位課程之類的事業賺取可觀收入嗎？放棄穩定的護理工作，這個想法令她感到十分

不安。

　　儘管黛娜猶豫不定，但她深深認知到其他服務提供者轉型成課程創作者之後獲得成功的事實，所以她認為數位課程很有可能就是解決她事業困境的辦法。假如她有一套經證實有效的步驟式機制可依循，而且又能由確切瞭解她處境的人教導，最終一定會對自己設計和推出課程的能力感到更有信心。

　　黛娜或許不清楚該從何處著手或如何找出時間設計數位課程，不過有一件事她很確定，那就是她不能繼續以時間換取金錢，然後祈禱自己總有一天能享有自由和彈性的生活，讓她能真正陪伴家人。黛娜有了清晰的路線圖，對於實現數位課程之夢所需的一切有了明確掌握之後，就再也沒有任何事物可以阻擋她打造與自己價值觀契合的事業與生活。

　　現在換你上場了。我要請你拿出一張白紙或開啟新的Google文件，動手寫出以下內容。

　　你的客群代表叫什麼名字？

　　他現在過著什麼樣的生活？

　　他希望改變什麼？

　　他試圖解決什麼問題？

　　他希望實現什麼樣的轉變？

下一點功夫發揮創意，雖然這個練習僅供你個人參考，但你在創業過程中將會不斷參照這個人物描述，用來提醒自己服務的目標客群是誰。善用你在本章腦力激盪的所有資訊，若是能對客群代表的樣貌有更精細的描繪，你在創業過程中與這個人物的連結會愈深刻。

驗證你的理想客群代表

寫出一個對你來說感覺很對的客群代表之後，又或者你可能還在努力完成這一系列的問題，我希望你走出去實際與這個人交談。雖然這個理想客群代表是你想像出來的，但其實這樣的人物就存在於現實生活中。和那位應該很適合使用你產品或服務的輔導客戶或同事聊聊吧。聯繫你的親朋好友，看看他們是否認識任何可能合適的人，或是請同一個產業的同行推薦。詢問社群媒體的追蹤者是否願意與你通話。先思考一下你想和哪些人合作，就能幫助你找出該和誰見面。畢竟，這個人是你的「理想」客戶呀！

我在設計會員制計畫的時候，針對理想客群代表編寫了一個故事，然後我真的把這個故事一字不漏地傳給我社群裡的一個學生，我知道她非常適合我的產品。我問她是否從我寫的故事得到共鳴，結果

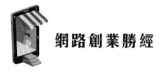

她指出了一些十分寶貴的「區別」，如果我閉門寫作就不可能知道那些東西，而這種區別在我為會員創作內容及行銷時發揮了莫大的助益。

目標是安排二～三次（愈多愈好）十五～二十分鐘左右的通話驗證，與你認為可能是理想客群代表的人交談，而通話的目標分成二個面向：（一）挖掘目標客群的見解、恐懼、憂慮、挑戰、經歷、渴望和需求；（二）判斷你是否緊扣自己的「獨特之處」和事業主題。請記住，獲利潛力是甜蜜區測試的範疇之一，人們是否願意付錢購買你提供的方案呢？如果有哪個地方不合拍或無法引起共鳴，這些對話可以讓你的目光更清晰、更具洞察力，以便進一步發展你的點子。

進行通話驗證時，請多聽少說，確認你勾勒的客群代表樣貌是否與交談的對象相吻合。向他們提出開放性的問題，有利於你瞭解其渴望、需求和痛點，例如以下問題：

· 告訴我你〔與你事業主題有關的課題，比方說，如果你要做紅娘服務，此處便可以填入「約會生活」〕的現況。
· 你在這個主題上最大的挫折是什麼？你覺得卡住的地方在哪裡？為什麼你會覺得這是個困擾？這成為你的困擾多長時間了？
· 是什麼妨礙你在這方面採取行動？你嘗試過哪些行動但沒有用？
· 你是否曾上網搜尋解決方法？你是否曾根據自己找到的資訊採取行動？

· 如果我揮一下魔杖就能讓你得到想要的結果，你覺得那是什麼樣的
結果？

· 如果你能解決這個難題，會有什麼感覺？對你來說生活會是什麼樣
子？

· 想一想你過去最有效的學習方法是什麼。哪些共同元素眞的對你產
生影響？

· 你上網花最多時間的地方是哪裡？（譬如臉書、IG、Twitter、
TikTok、谷歌搜尋、電子郵件）

· 在這方面你最喜歡的網紅是誰？你最愛追蹤的帳號有哪些？你喜歡
他們哪些地方？

· 你是否曾購買過與這個主題相關的產品或服務？

· 〔如果沒有〕什麼阻止你進一步投資於此？

· 〔如果有〕你能夠用它取得成果嗎？這個產品或服務有什麼價值？
哪些東西不管用？你花了多少？

　　特別留意他們說話時的用字遣詞，這些語彙對你未來的文案、電
子郵件、銷售頁面和社群貼文來說是一座寶庫，所以要多做筆記。你
甚至可以進一步詢問他們是否同意你錄音。他們實際使用的言語最能
產生共鳴，因此你日後開始推出產品或服務和撰寫行銷訊息時，可以
回過頭來參考這些具體的用語和詞彙，將它們融入訊息之中。通話過
程能讓你一窺理想客群代表的思維，千萬別輕忽啊！

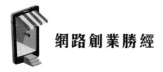

　　這個步驟的目標就是確認你努力找出來的「獨特之處」和理想客群代表樣貌，皆可從實際存在的人身上得到驗證。如果你發現你的客群代表描述有任何不符之處，請務必予以更新。

　　現在，如果你和客群代表的交談讓你感到混亂，害你擔心自己有沒有「做對」或完不完善的話，其實不只你有這樣的感覺。我當初在確認理想客群代表應有的樣貌時，也曾憂心如果不能第一次就做到完善，可能會讓我花下去的時間、金錢和努力付諸流水。不過經過多年磨練後，我這種心態已經減輕了——很多。我們對自己太嚴苛其實無助於任何人。

　　思及於此，我想分享我從朋友，也就是生活教練布魯克‧卡斯蒂略（Brooke Castillo）那裡學到的一個非常有用的教訓。我曾邀請她上我的播客，談一談採取行動這門藝術。訪談才剛開始沒多久，她就鼓勵大家做到「B⁻」等級的努力就好，令我和所有聽眾吃驚不已。我是個從中學到大學每科都拿A的人——父親會給我錢獎勵我拿到好成績——所以你一定可以猜想得到我對這個概念的反應。**B⁻的努力？絕對不行！**可是布魯克的論點強而有力。

　　只付出B⁻的努力就有助於改變受眾的生活，相對地，為了追求完美而裹足不前，則形同完全不做努力，這對世界一點用處都沒有。

　　所以我想請你放下恐懼。你不必做到完美，我不希望你追求完美的心阻礙了你今天就選擇一個理想客群代表來進行測試的行動。這道程序是為了讓你在全面推出事業之前，先助你清楚瞭解客戶及其需求。

選擇客群代表本身就是一種萬全的做法，可確保你不會推出一整套無法讓目標客群產生共鳴的服務或產品。如果第一次或甚至第十次嘗試時都未能精準掌握客群樣貌，那也沒關係，現在知道這個事實總比付出了大把心血後才發覺要好。回過頭來重新審視和修正理想客群代表的樣貌是必經的過程，還請保持開放的心態，視需求加以修改。

現在，跨出你的步伐，開始和人們交談吧。從現在開始，特別是當你從現在的狀態轉型到你心目中的境界時，請容許自己只做 B⁻ 的努力。（我知道布魯克說做到 B⁻ 就好，不過我還是忍不住……我仍志在B⁺，你一定也可以！）因爲你的受衆已經存在，他們正等著你提供他們確切需要的東西。

全網最醜的網站
⇨ 如何建置網站？

　　艾蜜拉看到父親為事業傾注了血汗和淚水，後來卻因遭逢一件九萬美元的官司，整個職涯便就此崩潰之後，她決定當律師。目睹家人的困境激勵了她去幫助其他創業者，避免犯下和她父親一樣的錯誤，不過面對朝九晚五的律師工作，她發現自己能幫的人其實很有限。

　　她決心發揮更大的影響力，來幫助那些需要用法律來保護其心血結晶的企業主，便為此開啟副業，建置了網站，出售現成的法律文件範本。藉由在線上打造一個平台，艾蜜拉的目標客群得以根據事業發展的階段來購買套裝範本，她也因此能夠在「一天」之內賺到相當於她全職工作一個月薪資的收入。

　　本章要探討的是如何在網路上開闢你的基地，即你事業的網站。根據我教過成千上萬創業新手的經驗，我知道你現在心裡可能在想，**我真的需要網站嗎？不能只靠我的社群媒體管道就好嗎？**答案是「當然可以」，但緊接著我也要斬釘截鐵告訴你「不可以」。

　　假如你要打造線上事業，就必須在網路上擁有你自己的網站。光是經營臉書頁面、IG商業帳戶或YouTube頻道是不夠的，因為這些平台「不屬於你」。依賴你自身之外的其他公司所擁有及操作的平台，會置你於巨大的風險之中，因為這些平台的政策、演算法、價格和方針都有可能隨時出現大幅變動。你需要的是固有、穩定且由「你」控制的中央樞紐，而這就是一個網站，毋庸置疑。

　　如今數位當道，你的網站等同於你的名片、宣傳手冊，同時也是一處潛在客戶可以來此體驗與你合作是何模樣的地方。雖然建置網站應該是個簡單的過程，但你一定不會相信，我其實見過初次創業的人在打造他們第一個網站時竟會犯下某些不可思議的錯誤（其中包括我自己在內）。如果你正值這個處境，我很樂意指引你避開一些新手的錯誤。另外，如果你已經有了網站，那也沒關係：我們一起來確保它發揮最佳功能。開始行動吧！

全網最醜的網站（非我莫屬）

　　當我說我創業的頭幾年，我的網站堪稱全網最醜時，我並不是開玩笑。灰色的網站頂部打上我黑色的名字，名字後方襯著白色陰影，整體平面設計是用PowerPoint做出來的，字體沒有搭配，配色也不協調，一半的部落格文章標題帶有數字，其他的沒有。「關於艾美」這

個區塊放在頁尾，裡面有一張我視線稍稍向下、半露笑容的照片。

　　我只要想起一些舊部落格裡的圖像就感到難為情，其中就有一張我拿著一塊掛在鉤子上的肉的照片！現在我光是寫這段話，都忍不住尷尬臉紅。

當然，我之所以說這個故事並不是鼓勵你架設平庸的網站，事實上，我希望你擁有一個設計精美、能夠不斷進行「轉換」的網站──意思就是指將訪客和觀看者轉化為訂閱者、客戶和學生。不過打造這種網站可能需要花上幾個月的時間，更不用說需要投入大筆金錢。

所以，我反而想宣導我自己從初次自立門戶以來就秉持的信念：你不需要功能花俏的網站才能成功。自我創業以來，我把我的網站改造和重整品牌了三次！網站是一個會不斷發展變化的東西，你今天建置的網站過三～五年就不再適用於你的事業了，所以在事業順利起步之前，何必投入大量時間、精力和金錢來架設頂級的網站呢？

我見過太多新企業主過一年後因為事業轉往新方向，而不得不全面翻修他們成本昂貴的「入門」網站。別讓這種事發生在你身上，請容許自己在第一個網站的設計上做到保持簡單即可，網站的「功能」比「形式」重要一千倍。我的第一個網站醜歸醜，卻對我的客戶發揮了作用。

簡而言之，你只需要回答以下二個重要提問，就能讓你的網站具備應有功能。

提問一：網站的目標是什麼？ 你的網站在你事業的生態體系中應該有非常明確的功能。你想向訪客傳遞什麼訊息呢？換句話說，他們如何知道自己來對了地方？當訪客來到你的網站時，你希望他們有什麼感覺？興奮、受到激勵、被關注還是獲得支持？你希望你的網站具備哪

些主要功能？

　　也許網站就是你的線上「名片」，潛在客戶在此找到你的聯絡資訊並與你聯繫。又或許它是個店面，他們可以在此購買課程、電子書或實體產品。如果你提供的是教練指導或平面設計這類服務，那麼這個網站或許可以讓客戶品味你的作品，再決定你是不是合適之選。

提問二：你想引導客戶前往何處？網站的目的不僅僅只是分享你事業的種種，它是一個可以為訪客的生活增添價值，最終將他們轉換為付費客戶的地方。因此，你應該將他們的到訪視為第一步，後面緊接著一套清晰明確的流程。一旦訪客來到網站，接下來呢？你希望他們首先關注什麼地方？再下一步又是什麼？你如何讓訪客輕輕鬆鬆循著可為他們帶來最大價值的方向前進？這段訪客旅程，其實就是最終會將網站「流量」轉換成網路「事業」的一條途徑，這一點至關緊要。

　　我以自己的網站為例，讓你清楚瞭解我所謂的「訪客旅程」究竟是指什麼。假設現在有人正在收聽我某一集的《網路行銷輕鬆學》播客。我一定會在播客裡提到節目摘要頁面列出的網址，聽眾可以在此處看到該集內容概述，並使用該集播客提到的連結與資源。聽眾只要來到此頁面，就可以立即重播該集內容並讀到他們即將學到的內容摘要。

　　聽眾捲動頁面的時候，系統會提示他們數種互動方式，譬如可獲得與該節目主題相關的免費資源（如檢核表）、閱讀該集的文字稿，

或是對該播客評分、評論和訂閱。此外，聽眾也會看到其他可能感興趣的集數推薦，這些推薦會引導他們前往該集的節目摘要頁面。他們甚至可以搜尋我所有集數的目錄，找到自己感興趣的內容。上述每個步驟都能鼓勵聽眾留在我的網站上，繼續與我和我的內容互動。

如你所見，訪客體驗遠比網站的視覺效果重要得多。於此同時你可能會問：「艾美，但我還是可以把網站弄得美美的，對吧？」**當然可以**。事實上，在我創業以來的這十四個年頭裡出現了大量新平台可助你一臂之力，讓你不必懂很多技術知識就能自行建置簡單、美觀又功能強大的網站。

當然，不妨多多去瀏覽那些成熟企業別緻的網站，從中汲取靈感。不過牽涉到自己的網站時，請架設能滿足你目標的最基本網站即可。你完全可以靠自己搞定你需要的網站，如果你馬上就搖搖頭，認為自己對技術不夠精通，沒辦法靠自己，那麼請繼續讀下去，我會引導你克服每一個看似嚇人的步驟，讓你清楚看到這絕對是可以做到的。

上線

一旦你掌握了網站要為客戶提供何種功能，就表示你已經拿到著手建置網站所需的地圖。首先要做的事，你得挑選主機服務和網域名稱。主機服務其實就是指服務提供商把你的網站放在網路上，以便世

界各地的人們可以造訪它。提供商會在他們的伺服器上「代管」你的網站，使它可以被存取並支持來訪的流量。他們也提供儲存空間，用於存放你網站上的所有資產，包括文本、圖片、影片和所有其他媒體。

如需範例以及我個人目前最喜歡的選項，請造訪：
www.twoweeksnoticebook.com/resources

網域名稱就是指訪客用來巡覽至你網站的網址。這個名稱通常是你公司的名稱，或者如果你建立的是個人品牌，則域名就是你的姓氏和名字，如何選擇取決於「你本人」想在事業和品牌中扮演多少核心角色。要留意的地方是，如果你現在用了自己的姓名，那麼日後當你希望自己的名義退出這個事業的話，可能就要考慮進行品牌重整。

從另一面來看，假如你尚未完全確定自己要開創的事業方向，則使用暫定的事業名稱也許將來同樣有可能會觸發重整品牌的必要，所以我也建議盡量避免使用以特定產品名稱為主的網址。

比方說，你教導沒有攝影背景的家長如何幫孩子拍攝令人眼睛為之一亮的照片，並出售預設設定檔（即自訂濾鏡）來幫助他們。在這種情境下，我建議不要用www. familyphotopresets.com作為你的主要網址，因為那只是你提供的產品之一。另外，我雖然一定會去查看能否買下跟你所提供之任何主要產品的名稱有關的網址（譬如www. familyphotopresets.com或www.daylightportraitpresets.com），以防被其

他人搶先使用，但我無論如何都會建議你把這些產品地址重新導向到較具永久性的主要網址，譬如以你的姓名或你已經建立的品牌為主的網址。

若是要查看你想使用的網域名稱是否可用，可以到GoDaddy.com之類的域名主機網站上進行搜尋。假如已經被其他人用走，而你也才剛起步而已，那麼我建議你尋求其他替代方案，別花大錢購買已被用走的網址。剛創業的頭一、二年，情況往往變化很大，所以我不希望你為了一個將來最終可能會想換掉的事業名稱，就砸錢從別人手上買下網址。

假如以你的姓名或事業名稱為主的.com地址已被別人使用，不妨考慮使用其他的域名後綴（現今有許多後綴名可選，譬如.info、.pro、.live、.inc和.store等）或改用其他表示方式的網址，比方說JaneSmith.com不可用，就購買DrJaneSmith.com。不過話說回來，如果你已經略有知名度，擁有品牌或自己的線上平台，又有一些閒錢，那麼你當然可以對已被用走的網址出價競標，看看會有什麼結果！

弄清楚網站將存放在何處以及它的地址之後，接下來便是決定要用哪個平台來架設它。你有三個選項：「全功能」網站生成器、混合型網站生成器和全部DIY的做法。

⑤「全功能」網站生成器（難易度：簡單）

全功能網站平台正如其名可以提供一切，即你建置網站所需的功能皆可在此平台上取得並輕鬆執行。你只需要支付一筆費用，這個生成器就能引導你進行一系列的基本選擇，幫助你建置一個完整可立即使用的統包網站。

對創業新手來說，這種生成器是十分理想的解決方案。生成器容易使用，這表示幾乎任何人都會用，無須聘請設計師或網頁開發人員代勞。這些平台具備頁面建構工具、範本，可與常用軟體無縫整合並提供支援，而缺點則是其費用多半比以下其他選擇昂貴。隨著你的事業開始成長，這些平台可能也會欠缺一些只有自訂功能較多的平台才能提供的進階選項，意思就是說，如果平台提供的「現成選項」中沒有你要的功能，你或許就得僱用網頁開發人員在更具彈性空間的平台上重新架設你的網站。

> 如需瞭解「全功能」網站生成器的詳細資訊，
> 請務必查看我的線上資源中心，
> 網址為www.twoweeksnoticebook.com/resources

$「混合型」網站生成器：WordPress（難易度：簡單至中等）

幾乎三分之一的線上網站，包括我的網站在內，以及美國前一百家成長最快的公司有一半以上，都使用名叫 WordPress 的網站建置平台。WordPress 屬於開源系統，可以讓不懂網頁開發或程式的人，建置和管理網站及其內容。使用 WordPress 架設網站是一種混合型的中庸解決之道。

WordPress 提供類似於全功能平台的範本，不過更具彈性，將來你可以僱用網頁開發人員來升級網站，並視需要添加更多功能。此外，它的後端易於摸索，所以完全可以自行更新網站內容，無須由開發人員替你完成。WordPress 提供許多設計元素（譬如色彩、字體和版面配置）可選，又有更多進階選項和外掛程式（可為網站增加功能的軟體，例如影片播放器）提供更複雜的性能，這些特色使它成為靈活多變的選擇。

$ DIY 做法（HTML）（難易度：高）

另外，你也可以選擇 DIY，利用 HTML 程式碼從頭開始建置網站。HTML 就是超文本標記語言（HyperText Markup Language），是一種用來建構網頁及其內容的程式語言，使其能在網頁瀏覽器中向公眾顯示。這種方法追求的是掌控權和靈活性，這表示你不想受限於任何特定的服務提供商，想隨心所欲自訂你的網站。這個解決方案非常適合具有程式設計或網頁開發經驗，希望藉由自己動手來節省成本的人。

但如果你需要僱用網頁開發人員為你架設和維護網站，那麼實際上最後可能會比前二種選項更昂貴且耗時。以沒有程式設計專業知識的創業新手來說，我通常建議選擇前二種選項。

＊　　＊　　＊

以上三種選項中沒有哪一個是最好的選項，無論你選用哪一種，最終都能讓你達到同樣的目標，獲得一個能夠產生收入的可運作網站。如果你正在剛起步的階段，最好讓事情儘可能簡單，所以選擇全功能生成器會比較理想。或者你喜歡親自動手且樂於瞭解後端技術，又有充裕的時間去做，那麼另外二種就更適合你。無論如何，選擇權在於你！

四個基本網頁

挑選好主機服務、買了網域名稱並選定架站方式之後，接下來就可以開始建置網站了！千萬別用複雜的站點地圖和二十個頁面的網站結構把自己壓垮，正如我先前提過的，網站是一個不斷發展變化的東西，過了一段時間隨著事業成長，你隨時都可以調整和更新網站，但目前這個階段，也就是你才剛要架站的時候，我建議網站上只需要

「首頁」、「關於我」、「聯絡資訊」和「部落格」這四個頁面。

$ 首頁

你的首頁是網站的第一個頁面,即潛在客戶搜尋你和你的事業時最常到達的頁面。不妨將它視為你線上版圖的前門,這樣一來你自然會希望這個門面很吸引人。首頁的主要功能是攫取訪客的注意力,鼓勵他們深入瞭解你和網站的內容。

我建議利用此線上空間來彰顯以下三大區塊:

1. 你的「獨特之處」:直接告訴訪客你要解決的問題、你為哪些對象提供服務,以及你如何幫助這些人達到他們期望的結果。
2. 動人的圖像:最能代表你的事業並與訪客產生連結的圖片或影像。如果你就是公司的門面,我建議放一張你的照片。
3. 擷取名單:訪客可在此留下電子郵件地址以交換有價值內容,並配有明確的呼籲行動按鈕。我們會在第9章詳加討論這個部分。

儘管首頁的目標是讓訪客眼睛為之一亮,但該頁面現在已不再是進入你網站的唯一入口。從當今的線上行為可以看到,許多訪客會透過社群媒體、搜尋引擎或其他網站的連結進入你的網站。由於用戶可能會直接到達你的部落格、關於我或網站的任何其他頁面,因此你網站上的每一個頁面都應該儘可能像首頁一樣吸睛。

$ 關於我頁面

我建議你建置一個完整的頁面，讓潛在客戶可以前往此處，深入瞭解你的背景資訊、你做這個事業的理由，以及你是否就是那位指引他們實現所尋求轉變的合適人選，千萬別像我的第一個網站那樣，把「關於艾美」頁面放在首頁的頁尾（意思就是：沒有人會看到）。

關於我頁面並不是「事後加入」也無妨的元素，而是你網站上可以用來「推銷」的最重要頁面之一。這個頁面提供你大好機會去和理想客群代表建立連結，是一個介紹自己、述說自己的故事、建立可信度，並發展「認識你、喜歡你和信任你」這幾個要素的地方。

個人故事能夠讓觀眾一窺你創業的動機或你如何踏上創業之路，請不要迴避，不妨分享一些坦率、可顯示你個性的照片，或是心愛寵物的快照，這是我個人的最愛。利用這個頁面展現你或公司的個性，而且要真誠不做作，避開過於普通的描繪。

$ 聯絡資訊頁面

這個頁面相當簡單，只要製作一個專門用於聯絡的頁面，讓客戶能夠輕鬆與你聯繫即可。你可以簡單列出你的電子郵件地址、社群媒體連結或電話號碼。或者，如果你選擇的網站生成器平台有「聯絡表單」這個選項的話（多數平台都會提供），你可以讓訪客直接在該頁面上填寫留言，那些資料便會直接發送到你的電子郵件。

$ 部落格頁面

「部落格」就是網誌，以運用這個頁面的方式來講，部落格一詞多少會造成一點誤導，因為它不僅僅是部落格，更是你「存放內容」的地方，這個部分我會在下一章詳細討論，不過當你為理想客群代表創作內容並與他們建立關係時，會需要一個固定的地方將流量引導至該內容。

另外，無論你是書寫部落格、錄製播客及撰寫節目集數說明，又或者每週主持諮詢時間並發布每次諮詢過程的摘要，都需要一個主要的部落格頁面來存放這些內容。這個主頁是包含了連結的目錄——通常附有網站生成器平台提供的搜尋功能——讓讀者能夠確切找到他們感興趣的主題，只要點擊連結便可閱讀、收聽或觀看內容。

這些內容之所以特別重要，是因為網站上存放的內容愈多，你的搜尋引擎優化（search engine optimization，SEO）的效果就更高。簡單來說，搜尋引擎優化是一種提高網站搜尋排名的行銷策略，當人們在搜尋引擎中輸入與你的事業、產品或服務相關的特定關鍵字，你的內容就應該出現在他們的搜尋結果頁面上。

絕大多數的網路流量都來自搜尋引擎，因此你網站的相關關鍵字在搜尋結果中排名愈高，別人找到你的網站且最終與你做某種程度互動的機率就愈大。處理得當的話，網站上擁有大量優質免費內容將能提升抵達你網站的流量品質與數量。

網站的五大焦點元素

網站最重要的功能就是傳達你的品牌，也就是你事業的核心內容以及它與別人的事業有何區別。你的品牌應該透過五個焦點元素進行一致的傳達：設計、文案、照片、導覽和我稱之為你網站的「下一步」。現在就讓我們花一點時間探索每個元素的使用方式。

⑤ 出色的設計

雖然我的第一個網站還是有辦法把訪客轉換為客戶，但想想看，如果這個網站不是醜得傷眼的話，說不定效益更大。換句話說，現代、專業又富有美感的設計確實可以加分，畢竟這是訪客到達你的網站時第一眼看到的東西，甚至在他們看到你的內容、產品或服務之前。

如果你已經下了一些功夫思考過品牌形象，請務必確認你的網站與你心目中的事業樣貌和風格是相互搭配的，包括字體、色彩、版面和圖像等等。假如你尚未進行到塑造品牌這個階段，別擔心，有很多優質的網站範本和設計結構可以用來作為自家網站的參考基礎，只是請切記，少即是多，愈簡潔愈好，避免雜亂。

$ 打動人心的文案

以建置網站的情境而言，文案指的是你網站上出現在部落格頁面「之外」的任何文字，譬如首頁以及關於我頁面上的所有文字都屬於網站的「文案」。文案最重要的功能就是努力吸引訪客，並且為他們增加價值。創業家暨設計師傑佛瑞・齊曼（Jeffrey Zeldman）就表示：「內容先於設計，缺乏內容的設計不是設計，只是裝飾。」

你的文案應該簡潔、有說服力又淺顯易讀，能明確反映你要表達的訊息。句法、語法和拼寫關乎到能否呈現出最佳內容，所以請務必仔細編輯和校對過網站上的每一句文案。如果這方面不是你的強項，不妨花一點錢聘請專業編輯，或請家人朋友來幫你。又或者你不擅長寫作，可以考慮把文案外包給專業的行銷文案寫手，他們就是靠寫出生動又誘人的訊息吃飯的。

$ 亮眼的照片

影像是任何網站的根本要素，若運用得當，影像不但能吸引訪客，也有助於他們與你的內容建立更深入的連結。作家與效率專家麥可・海亞特（Michael Hyatt）是我的一位導師，他指出，特別加入影像的內容所激發總觀看次數，平均比單純的文字內容高出九四％。是的，你真的沒有看錯，是九四％！

請下一點功夫製作或找出合適的影像來增強你的內容。如果你自己沒辦法拍出亮眼的照片,有一些很棒的圖庫網站提供高素質的影像,不妨多加利用,只要確實遵守他們的授權條件即可。

> 如需優質的攝影資源完整清單,請造訪:
> www.twoweeksnoticebook.com/resources

$ 簡易的導覽

你曾經試著在某個有十多個選單、標籤和連結的網站上摸索,結果完全搞不清楚網站動線嗎?我相信你不會想要自己的事業呈現出這種迷宮式的外觀風格!相反地,我猜想你應該會希望訪客輕輕鬆鬆就能找到他們需要的內容。假如是這樣的話,關鍵就在於簡易的導覽動線。

導覽就是指訪客在你網站上移動的路徑或流程,包括訪客如何從某個頁面移動到下一個頁面的過程。導覽如果做得好,可延長訪客或客戶在你網站上停留的時間。最佳的網站導覽通常以整齊、直覺式又易於使用的功能表列出所有既有頁面所構成。你的導覽動線應當保持簡潔明瞭,著眼於先前才討論過的「首頁」、「關於我」、「聯絡資訊」和「部落格」這四個基本頁面。

$ 下一步

「下一步」有時候被稱爲「呼籲行動」（call to action）或簡稱
CTA，指的是你希望訪客抵達你的網站後所採取的行動，這些行動
可能包括「與我聯繫」、「預約通話」、「瞭解詳細資訊」或「註冊」
等。在事業剛起步之時，我建議你的下一步是讓訪客加入你的電子郵
件清單（不清楚什麼是電子郵件清單嗎？請稍等，我會在第8章詳加
說明）。擁有一份高互動的電子郵件清單，等於事業得到了最重要的
資產，而你的網站正是有助於建置和擴充此清單的絕佳工具，特別是
在你剛起步的時候。

無論你選擇什麼樣的下一步，都應該將它呈現得清楚明確，並且
把網站設計成讓訪客很難不採取行動。一般都會用「按鈕」的形式來
顯示下一步，讓訪客可以在網站上一路點擊下去。請務必在你的網站
上布建各種機會，讓訪客無論身在網站任何一處都能快速輕鬆地執行
和參與這些步驟。

撰寫「關於我」頁面

　　我們從挑選主機服務公司、註冊網域名稱到選擇架站途徑，已經討論了幾個你可以採取的步驟，讓第一個網站朝運作的目標邁進。不過現在我想提供五個提示，幫助你著手撰寫「關於我」頁面，這樣可以立刻激發你一些衝勁。我建議你找個安靜的地方，給自己四十五分鐘不受打擾的時間，然後利用這幾個提示寫出自己的故事。

‧你是如何踏入現在所做的事業？

‧為什麼別人應該與你合作？你／你的事業／你的產品或服務對你的目標客群有何益處？

‧你希望你的所屬產業和（或）你的客戶如何看你？你想發揮什麼影響？

‧你克服過的哪種挑戰能夠幫助你的受眾？

‧在你的旅程中，可有什麼領悟促使你走到現在這個階段？

　　先上網做個實地考察，瀏覽三～五個你所屬產業的網紅或組織的「關於我」頁面。仔細觀察他們的頁面結構，比方說他們如何運用個人故事？他們還包含了什麼其他元素？

　　接下來，拿出你利用上述提示寫下的初稿，開始將它精修成你真正引以為傲的「關於我」頁面。提醒你，在撰寫這個頁面以及網站的其他所有內容時，請記得一定考量到你的理想客群代表。（如果你需要一點靈感，可以查看我的「關於我」頁面，網址是amyporterfield.com/about。）

　　如果你一想到以網站的形式來展現自己就感到忐忑不安，你不是唯一有這種感覺的人。把自己弄得那麼顯眼確實會覺得彆扭至極，不過一定非常值得。這一切的**目標其實就是做點什麼**，讓自己動起來，只要採取行動，事情就會愈來愈明朗。我認識的每一位創業者回想自己初期所做的種種努力時，都會感到彆扭，可是我們一定得從某個地方開始做起，這也是我們下一章要討論的內容。那麼，接下來就讓我們深入探索內容創作吧，倒數三、二、一，出發！

內容就是王

⇨ 如何固定創作優質內容？

　　我自立門戶後的頭五年，並沒有為我的目標客群定期提供價值的特定做法。起初我先和客戶採一對一合作的方式，按小時計費，後來我停掉顧問工作，便馬上設計了第一個付費產品：數位課程。我嘗試撰寫部落格文章，有時一個月發布二次、有時一次，不過每一篇都寫得很辛苦，總是一拖再拖，有時甚至乾脆放棄。我從不覺得自己真的知道該寫什麼內容，也沒有靠它賺到錢，那為什麼還要花時間做這件事呢？

　　偶爾我會發送獨立的電子報給郵件清單訂閱者，但這些電子報主要用來述說故事或提供一些建言，而不是連結到我網站上的某篇部落格文章或其他內容。甚至到了我開始推出播客《網路行銷輕鬆學》也依然如故，我每個月還是只發布一、二集，沒有固定的時間表，有時甚至跳過一個月。不過，當我二年後開始每週都固定按時間表製作播客時，獲利幾乎翻了三倍。

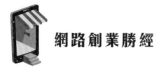

　　與其僅僅靠著嘴巴上說這一定很值得，就要目標客群盲目地把他們辛苦賺來的錢花在你身上，請他們信任你，何不先為他們實現價值，讓他們更加輕鬆地參與這個過程？無論你提供的是何種產品或服務，沒有什麼比定期提供高品質免費內容更能夠有效培養狂熱粉絲。

　　我要把「內容就是王」這個口號灌輸到你腦海裡。定期發布原創內容可以讓你的受眾瞭解你這個人、你有何理念，以及他們如何與你合作。然後當你的受眾認識你、喜歡你和最重要的「信任你」時，他們就會樂意掏出荷包，以便繼續獲得你提供的價值和轉變。

　　當你先發揮影響力為客戶創造成果時，獲利自然就會隨之而來。

選擇每週發布內容的平台

　　你的內容平台就是指你與目標客群分享有價值內容的途徑。

　　我建議選擇單一平台就好，以免壓力太大，日後你可以逐漸將內容重複用在多個平台上，但初期應盡量保持簡單。以這個階段來講，我強烈建議挑一個你覺得「有趣」的內容平台即可。

　　「定期持續」是唯一的原則，但如果你選定的平台看起來很繁瑣，可能會讓你很難堅持每週都發布內容。不過話說回來，可以幫助你定期提供內容的方式太多了，其中一定會有能激發你熱情的做法。現在我就舉幾個例子，說不定你會喜歡。

⑤ 寫部落格

你是天生的寫手，比起口語交流更善於透過文字表達自己嗎？如果答案是肯定的，那麼部落格應該會非常適合你。部落格是進入內容創作領域的絕佳起點，不但容易製作（尤其在你架好網站之後），創作的內容還可以重複利用，而且無需拍攝或錄製等技術的配合。

我的學生奧黛麗在非營利界工作了十三年，工作表現相當出色。同事們大多都穿著舊大學 T 恤和破舊夾腳拖鞋，奧黛麗卻每天早上都以最新時尚風格亮相，穿搭自然有型，毫不費力。

奧黛麗很想用更有創意的方式展現自己，不只是靠穿搭，所以她開始寫時尚部落格，結果一試就愛上了。她在這塊數位空間裡成長茁壯，恣意嘗試各種時尚潮流，並提供簡單的時尚建議來幫助女性提升自信。即使這只是一個副業，奧黛麗的追蹤人數開始暴增，不到幾年功夫，她就告別了熱愛的組織，擁抱她對創業的恐懼，全職投入部落格的世界。

⑤ 製作播客

播客的收聽族日益增長，沒有減緩的跡象，這是可以肯定的。根據愛迪生研究（Edison Research）機構的資料顯示，一半以上的美國人至少收聽過一次播客，光是二〇一八至二〇二一年間，每週就有一億七千六百多萬人收聽，人數增加近三〇％[1]。

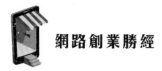

由於播客是音訊媒體，因此能夠一邊輕鬆聆聽，一邊從事其他活動。播客也有助於建立主持人與聽眾之間的連結，因為目標客群聽見你的聲音時，可以感受到你的個性。播客是我的首選平台，我的播客《網路行銷輕鬆學》也錄播了將近十個年頭，而我最愛的就是這個節目讓我覺得自己好像在跟每個聽眾進行親密的對話。

剛開始錄製播客時，可能需要多花一點時間和技巧。你需要麥克風、錄音設備、剪輯軟體，另外如果計畫邀請來賓上節目的話，也要準備好錄製訪談的做法。不過只要把這些都搞定之後，上傳到大型播客應用程式就是相對簡單的事情了。

💲 製作影片

影片在十多年前像潮水一般席捲了網路，如今也已深深扎根。八二％的線上流量即來自影片[2]，其中影音分享網站YouTube每天擁有超過一億二千萬名的獨立訪客[3]，以影片為主的社群媒體應用TikTok則在二〇二一年超越谷歌成為最受歡迎的網站[4]。影片的威力不足為奇，因為它可以在視覺和聽覺上與觀眾建立連結，讓你以多種方式分享你的個性和專業知識，與觀眾之間形成更深層的關係。

提供影片內容的方式除了每週主持影音部落格或影片節目之外，也可以利用社群媒體平台，譬如TikTok、IG Live、LinkedIn Live或YouTube。以影片節目來講，MarieTV就是很好的範例，該節目由我的朋友同時也是我早期的導師瑪莉・佛萊奧（Marie Forleo）主持。這個

得過獎的節目擁有數百集以如何打造線上事業爲主題的影片，因此該節目既是優質影片節目的範例，也是你可以參考的絕佳資訊來源！

💲 培養網路社群

網路社群是一群擁有共同興趣或目的，透過網路互相交流的群體。網路社群作爲內容平台，是一個可以發布影片、創作互動貼文、回答問題以及在社群成員之間主持對話的絕佳所在。

網路社群可以像開免費的臉書私人社團那樣簡單，讓那些對你的專業有興趣的人聚在一起分享資訊並聽取你的意見。或者你可以使用專業的軟體平台，專爲你的成員自訂一個網站。請造訪www.twoweeksnoticebook.com/resources，即可查看我目前的推薦平台。

我的學生妮可特別針對美容從業人員、創業者和網紅等開設「美容內容俱樂部」這個免費的臉書社團，協助他們創作有感染力的網路和社群媒體內容，以此來推動他們的事業。妮可不但能提供自行創作的內容和資源，譬如她的「美容內容行事曆」以及可編修的平面設計，而且又可以培養社群和營造空間，把美容產業的內容創作者連結起來。

剛開始打造自己的網路社群時，需要多採取幾個步驟，不過只要就定位，你就能擁有一個目標明確的線上空間，來耕耘你與觀眾之間的實質連結。由於內容可由社群裡的成員創作，因此社群可以自行運作，增加互動，並促進成員之間實質關係的培養。至於缺點（如果你

想這麼稱呼它的話），那就是管理會員是需要花時間和精力的。但如果你有這個能力，而且也在尋覓一個互動性更高又具有群體氛圍的空間來提供內容的話，網路社群是相當值得探索的平台。

$ 主持問答活動或諮詢時間

主持「問答活動」或「諮詢時間」是一種能讓理想客群代表提問並適時獲得你親自回覆的絕佳做法。你可以透過影片或在私人社群裡和社群媒體上以重播的方式來提供諮詢時間，又或者發布錄製的音訊或影片來回答觀眾事前提出的問題。給予觀眾你個人的關注往往能讓這類內容產生巨大的附加價值，而且這種活動也可以發揮重要影響力，協助你的學生克服困難並繼續向前邁進。

我有一位學生名叫琳賽，她是馴狗師，每週都會在她主持的《狗爪子大學》節目中舉行一次「馴狗師問答」時間，回答觀眾最迫切的問題，幫助他們克服與狗相處時遇到的種種難題。這種做法不但能充分為社團成員提供價值，還有助於琳賽瞭解觀眾目前經歷的痛點，可以說是無價的情報，如此一來她日後就能創作更多內容來幫助他們。

如果你覺得上述「所有」平台都不錯，我得提醒你別全都栽進去。我反倒強烈建議選「一個」平台即可，然後堅持用下去，至少持續六個月。

最好不要這週寫部落格，下週主持諮詢時間，再下一週又隨意發布一集播客。持續去做你最擅長和最能滿足目標客群需求的事情，無論風吹日曬雨淋，都要堅持在一個平台上亮相，特別是剛起步的時候，此舉有利於與觀眾建立穩固的關係，讓他們明白可以期待從你這裡獲得什麼益處，同時也有助於你保持專注，減輕壓力，才不至於因為注意力過於分散而最終導致你全盤放棄。

選擇你的第一個平台時請務必仔細考量你的受眾。回想一下你在第5章針對理想客群代表所做的研究。他們喜歡去哪裡消磨時間呢？他們如何消費內容？

舉例來說，如果你的客戶是忙得不可開交的上班族父母，那麼播客或許是最理想的選擇，這樣他們就可以在通勤或洗衣服的時候收聽。假如目標客群是初學編織的人，必須實際看到你握針或包覆針腳的方式，那麼每週一次的影片教學應該是不二之選，方便你一邊解說，一邊在畫面上展示技巧。如果他們熱愛美食，想獲得步驟式的指引，或許就應該提供一篇附有照片和食材清單的書面食譜部落格文章。

常見問題

現在我們已經弄清楚各種可以分享你專業知識並贏得目標客群信任的方式，接著來看看幾個關於內容創作，這是我最常被問到的問題。

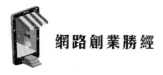

$ 常見問題之一：我應該多久分享一次內容？

　　我強烈建議你定期每週創作一次內容，如此有助於你和受眾更加深入瞭解彼此，這是在發布頻率不規律，又每次間隔時間都拉得很長的情況下達不到的效果。當潛在客戶每週都能收聽、觀看或閱讀你發布的影音或文字內容時，他們就會逐漸信任你，最終建立起與你之間的關係。

　　以我的學生梅瑞迪絲為例。梅瑞迪絲一直對身心康適領域很有興趣，可是大學一畢業從事的卻是企業招聘人員的工作。沒多久她就感到精疲力竭，這時開創自己的事業，照自己的意思做事並指導他人達到最佳健康狀態的想法，變得十分誘人。她不清楚該從何處著手，不過有一天她決定透過臉書直播影片來分享內容。很快地，她開始每週都進行直播，在「空中」回答觀眾的健康問題來幫助他們，她真正改善了觀眾的生活品質，也證明她的一對一教練事業起飛了。

$ 常見問題二：我應該分享什麼內容？

　　這個問題最快速的解答就是：分享那些可以解決理想客群代表最大痛點和渴望的內容。在行銷術語中，「痛點」是指你客戶所面臨的挑戰、困擾或強烈渴望，但是他們不知道如何自行解決，所以你應該成為他們處理此問題的首選解決方案，而這必須從讓他們明確知道你「懂」他們著手。請向目標客群展示你知道他們現在經歷的困擾，而且你會在他們身邊提供協助。

我想你現在可能會想，**我要怎麼做才能每週都想出新內容來分享呢**？我懂你心情！我剛起步的時候，這也是我碰到的最大挑戰之一。

答案就在你的理想客群代表身上。想一想你選擇的這位客群代表，無論他是客戶、家庭成員還是創業旅程初期的你自己。這位客群代表想得到什麼？他們有什麼困擾？什麼障礙擋在他們面前？你可以教給他們什麼，進而啟發並給予他們自主的力量？你需要破解什麼迷思？什麼種類的內容能引起他們的興趣，強化他們想從你那裡瞭解更多的渴望？

請著重於你的客戶現在所思索、擔憂或渴望的事情，然後給予他們最「需要」的東西。

當你與理想客群代表的互動增加時，就會更加瞭解他們的痛點和渴望。他們每次在社群媒體上留言，在直播影片或諮詢時間提問時，又或者在你網站的聯絡資訊頁面上留下訊息時，就是在給你線索找出他們的難題。過了一段時間你會發現，相同的問題一再出現在不同人身上，那麼你就可以開始創作特定內容來解決這些問題。

當你與受眾互動愈多時，他們其實會教你更多，讓你知道他們想要你提供什麼樣的內容！但不要等到把受眾的每一個細節都摸得很透澈才開始創作內容，最重要的是先從某處著手，然後特別留意受眾給你的回饋意見。只要持續將理想客群代表向你提出的問題記下來，你就有源源不絕的內容靈感了。

舉例來說，我從不錯過收聽格倫儂‧道爾（Glennon Doyle）的播客《難事難不倒我們》（*We Can Do Hard Things*），因為她每週分享的內容對我而言都是切中要點又重要的主題。每一集播客結束後，我心裡都會有「她怎麼知道我今天需要聽到這些內容？」的感覺，彷彿她直接呼應我的痛點並給予我希望和解決之道，所以我才會不間斷地收聽，吸取更多自己需要的資訊。

⑤ 常見問答三：哪些內容應該免費提供，哪些應該收費呢？

講到製作免費內容，我的頭號建議是應該給受眾「物超所值」的感覺，也就是務必免費提供你最棒的內容。現在不是有所保留的時候，你每週提供的內容應該讓目標客群嘆為觀止；也就是他們本該付費才能取得，現在卻能免費獲得的內容。

優質內容可能有各種特色，包括發人深省、實用、具啟發性、有娛樂效果、與切身有關、經驗之談、鼓勵人心或者是能激發受眾採取行動。當然。你的內容不必一次具備所有特色！不過若是能努力實現其中一或多項特點，就能抓對方向。

或許你會覺得聽起來有點違背常理；難道不該把最好的內容保留起來作為付費產品或服務嗎？這就是重點了——我靠免費分享我最棒的東西，來打造我的事業。理想情況下，有人看過你的每週直播影片或讀了你的部落格文章之後，他心裡會想，**哇，這也太實用了！如果她免費給了這麼多好東西，那她的付費內容肯定更厲害！**就是在這一

瞬間，你讓這位觀眾深刻體會到你對他大有助益，於此同時又贏得了他的信任，然後很有可能因此就獲得一位忠實粉絲和潛在客戶。

請容我來分享一下我的經驗法則，幫助你區分免費和付費產品或服務的區分：

免費內容：介紹付費內容所提供的轉變，讓觀眾淺嚐一下獲得轉變的滋味。

付費產品或服務：實現完整的轉變。

無論你的教學、指導或專業知識內容是什麼，所提供的價值最終都會導向某種**轉變**。不管你是傳授千禧世代管理財務之道，指導醫師運用某種系統在診療期間搞定文書工作，亦或是幫助創意人士建立事業的運作機制，目標客群都會因為和你或你的產品合作而從根本上有更好的改變。

免費內容是為了讓讀者準備好接受付費取得的轉變。在大多數情況下，這種內容包括詳細說明購買你的產品或服務之後，他們可以期待瞭解、獲得或有能力做什麼事。他們需要理解或相信什麼，才能繼續朝著成為你客戶的方向前進呢？你可以引導他們獲得哪些小成就，讓他們現在就嚐到使用你付費內容後預期會有的轉變？

接著是付費內容——即你的產品或服務，必須兌現免費內容中所做的承諾。你的付費內容要包含的是你的藍圖、公式、路線圖和完整

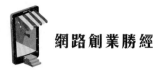

的操作方式，來達成客戶需要和渴望的轉變。

還記得你在第4章做過的「便利貼派對」策略嗎？在你的付費產品或服務中，應該詳細介紹從頭到尾的過程，讓客戶明白實際上該如何執行才能獲得你所承諾的結果。換言之，你的每週免費內容提供有價值的資訊，激發受眾對實際操作的好奇，然後吸引他們踏上取得成果之路，但免費內容不可透露全部的付費內容。

譬如我的「數位課程學院」就包含了一套有十一個步驟的「課程設計和推出框架」，而這個框架正是我教導學生如何從頭開始設計和銷售數位課程的整個過程。

框架的第一步是做出九個關鍵決定，其中一個就是關於課程的主題。我在之前宣傳「數位課程學院」的活動中，製作了一集播客，請六位學生分享他們的課程主題以及發想這些點子的過程，另外我又主持了一場臉書直播，在影片中我傳授各種策略來幫助學生挑選可獲利的課程主題。

我在這二種免費內容中，都向學生展示了他們需要先訂定主題以便設計課程，甚至還分享幾個可以腦力激盪主題構想的方法。這個免費內容只講解了十一個步驟中「第一步」的「其中一個」決定，但學生正是因為體驗到完整課程龐大價值的一小部分，而激發他們成為付費顧客。

批次處理內容

好，也許你會這麼想，**我現在已經知道要分享的內容和頻率了，但是該怎麼找出時間創作這些內容呢**？好消息是：儘管我熱愛憧憬未來、描繪最動人的前景和機會，但我也是務實主義者，喜歡制定計畫並迅速讓事情動起來，而這個部分我是靠「安排時間執行任務」做到的。

還記得第2章提到的格言「事情沒有安排好時程，就不會真的發生」嗎？我一生都奉行這個座右銘。你努力走到了現在，為的不是夢想一場後，就祈禱一切自會水到渠成吧！你之所以付出這些努力，都是為了讓事情「發生」，如果要讓事情發生，就要先從承諾你會定期每週創作內容來滿足理想客群代表做起。

也許你會覺得聽起來令人卻步，其實大可不必，因為有我使用的戰略助你一臂之力，這個戰略我稱之為「批次處理」。批次處理就是將一段時間專門用來處理相似的任務，如此可減少分心並提高工作效率。這種作業方式的目標不在於處理多項工作，而是刻意選擇相似的任務（例如內容創作），然後集中心力在一定的時間內完成它們。舉例來說，如果你決定每週的內容分享是一篇部落格文章，那麼你就挑某一段時間，坐下來花幾個小時的時間寫出四篇部落格文章分四週發布，一次性的完成整個月的分量。批次處理可以消除創作內容的壓力和焦躁，讓你能夠在較短的時間內產出更多。

不妨把批次處理視爲一種時間管理方法。領導力專家彼得‧布雷格曼（Peter Bregman）在《哈佛商業評論》（*Harvard Business Review*）的一篇文章中指出，當我們試圖同時專注在多項任務上時，工作效率就會下降四○％[5]。有時候有人會吹噓他們有「多工處理」能力，但研究一再顯示，人同時快速處理好幾個工作實際上會降低工作效率[6]。每次分心，平均需要二十三分鐘才能重新集中注意力[7]。

我喜歡分三階段來進行批次處理：首先是批次規劃作業，其次是製作內容行事曆，最後是實際的內容創作作業。

批次處理規劃作業

批次處理是指在一定時間內專門處理相似任務，那麼「批次規劃作業時段」就是在特定時間內專門策劃這些任務。以我個人爲例，這表示我會利用三十～六十分鐘的時段，坐下來一口氣腦力激盪出八週分量的每週免費內容。我盡量不讓自己多想，拿了筆和筆記本就開始動手寫，如果卡住寫不下去了，我就回頭去找之前與理想客群代表進行驗證通話（請見第5章 P.99）時所做的筆記，把他們直接告訴我的問題、困擾和挑戰看過一遍。

但如果你尚未有這類筆記，別擔心，只要想像一下你的理想客群代表現在可能會碰到哪些問題和困擾，然後寫下你可以傳授的解決之

道、可能會有用的練習，以及你或許可以採訪的專家，讓這位客戶可以稍微體驗他們正在尋覓的慰藉是什麼感覺即可。

以下提供幾個訣竅，可以幫助你處理規劃作業：

♣ **開始進行大腦斷捨離**。寫下腦海裡浮現的各種點子。哪些主題對你的觀眾有益處？什麼內容可以提升他們的生活？你的受眾問過你哪些問題？你的受眾應該詢問你但還不知道該怎麼問的問題是什麼？

♣ **查看你的行事曆**。將免費內容與即將到來的節日或特殊活動相互整合是不錯的做法，因此請查看接下來二個月可有合適的機會。舉例來說，假設你教導的是如何整理家務，你準備要創作三月份的免費內容，那麼你可以製作「春季大掃除檢核表」。如果你要創作八月或九月的內容，不妨提供一份「迎接新學年」的兒童房間整理術。

♣ **做一些研究**。使用谷歌或YouTube輸入與你事業相關的關鍵詞，看看搜尋結果的第一頁列出了哪些內容。由於這些結果與你的受眾正在搜尋的答案直接相關，可見這些情報十分寶貴，特別是在你剛起步、尚未與觀眾有大量互動的時候。把這些搜尋結果轉化為你可以撰寫的主題吧。

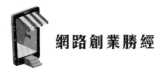
比方說你教初學的學生水彩畫技巧，不妨搜尋「初學者水彩畫課程」這個關鍵詞。假如搜尋結果的第一頁反覆出現諸如「簡單」、「基礎」、「技巧」和「初學者」等字詞，這表示你的目標客群正在搜尋簡單和基礎的技巧，那麼你或許就可以考慮撰寫一篇名為「三種簡單的初學者水彩技巧」的部落格文章，或者是製作一支影片教導「初學水彩畫師的筆刷基礎知識」。加碼祕訣：向下捲動頁面，查看「相關搜尋」即可瞭解人們也在你的專業市場裡搜尋哪些其他熱門主題。

掌握內容行事曆

列出你的內容主題清單，對所有內容應該何時發布有了清晰的計畫之後，就可以免去每週急於發布內容的緊迫感，讓你得以主動提前規劃，而且有機會結合特定的活動、節日或季節製作切題的內容。建置這種「內容行事曆」或「編修行事曆」的做法很簡單。

- ✅ **開啓新文件檔**。我喜歡用 Google Sheets，不過你也可以用 Microsoft Excel，或者你比較老派，寫在紙上也很好。
- ✅ **繪製一個四欄八列的表格（此批次各週內容各一列）**。在各欄頂端格子內分別填「日期」、「主題」、「備註」、「平台」四個項目。

- **填寫表格**。在「日期」欄位寫下你希望內容發布的日期,「主題」欄則記錄你在批次規劃作業中腦力激盪出來的主題。「備註」這一欄可以寫下發布這篇內容應該注意的相關事項,比方說這則內容與某節日直接相關或屬於某個月份主題。最後,用「平台」欄位註明你會在哪個地方發布這個特定內容。假如你才剛起步,那麼這個地方就是你在本章稍早時所挑選的平台。隨著你的事業發展,說不定你會把觸角拓展到多個平台,譬如把影片同時發布到 IG 和 YouTube。

你完成的內容行事曆應該會像以下表格:

日期	主題	備註	平台
8/21	衣櫥換季:把夏季衣物換成秋季衣物	夏季結束,迎接秋季	網站上的部落格文章
8/28	開學前整理孩子房間的訣竅	學校於八月底開學	網站上的部落格文章
9/4	如何協助整齊收納孩子的學用品	學校於八月底開學	網站上的部落格文章
9/11	海灘日結束後如何整理所有的水上玩具	夏季結束,迎接秋季	網站上的部落格文章

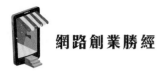

　　這份內容行事曆具有「主動」和「被動」雙重用途。以主動面來講，你現在就可以著手創作這些規劃好的精彩內容，而被動面則是你手上有了一份已規劃各種內容、發布時間、發布平台的記錄表，日後需要尋找特定內容時，你已經建好一個簡易又可搜尋的資料庫。

　　我實在不好意思告訴你，我以前為了找某個故事或腳本而花了多少時間搜尋檔案，不過現在我已經制定了一份播客的內容行事曆，所有內容都列在條理分明的位置，方便我隨時搜尋。

創作內容

　　瞧，你的批次規劃作業已經產出二個月分量的內容點子，編排整齊的內容行事曆出爐了，做得好！接下來要做的就是實際去編寫／錄製／產出內容！

　　我的建議是進行批次處理，即每個月利用一段六小時的時間，來創作或製作四集內容。我剛起步的時候，會在一天內錄製一整個月播出量的播客。也就是說，我會在那一天連續安排專家訪談，一次做完所有的錄製工作。到了下一週，我又專門安排一天的時間來處理這幾集播客的文字說明頁面，以及電子報事宜。

　　我的學生譚雅也利用類似的計畫，她每二周會一次性的創作三集YouTube影片劇本，然後再錄製影片。另一位學生蘇菲亞則以二週行

程來批次處理IG的內容，每隔一週安排二小時來創作貼文。

我知道剛開始一次創作這麼多內容可能會讓你覺得壓力太大，不過我一定得告訴你，當你在這段時間內不必做其他「任務」時，其實很容易進入創作狀態，因為你唯一的任務就是創作。

我通常很期待批次處理創作的日子，我個人覺得相較於每週都要創作一則新內容，這種做法要有效率得多，而且完成後會讓我感到十分有成就感，心情得到解放！

不過話說回來，如果你不想或沒辦法撥出一大段時間，或許可以選擇在你每天的「老虎時間」處理內容，這也是很好的做法，其實目標就是找到一個適合你的時間表並堅持下去。另外，當你進入這段專門用來發揮創意的時間，請務必將干擾減至最低，譬如關閉電腦上那些沒必要打開的應用程式，或將電腦設定為請勿打擾模式更理想。關閉所有的通知，將手機設為靜音，如果你在家的話，請明確讓家人知道除非絕對必要，否則不要打擾你。

內容一旦製作完成並發布之後，並不表示就可以把它拋開了！畢竟創作亮眼的內容是需要灌注時間與愛的，與其把它視為一次性的任務，我希望你能善用內容，讓你的努力儘可能獲得最大的價值。不妨把內容包裝成不同的形式和大小，這樣一來你的受眾便可以用各種方式消費它，這就是所謂的「內容再利用」，此做法應該成為你持續創作內容過程的一部分。

不太確定我說的內容再利用是什麼意思？以下我舉個例子說明如何將一則內容創造出四倍的價值，這是我每次完成錄製和編輯每一集播客之後都會做的事情。

♣ **再利用之一：將音訊轉成文字稿**。比起聆聽，有些人更喜歡閱讀，又或者有些人可能有聽覺障礙，因此我會將每集節目的音訊轉成文字稿，發布在我的網站上。有一些網站和服務可以以非常低的費用為用戶轉文字稿。除了提供多種形式的內容之外，文字稿裡充滿了切題的關鍵字詞，也可以為我的網站提供很好的搜尋引擎優化效果。

♣ **再利用之二：創作語錄和圖文**。我會讀過轉出的文字內容，從中挑出二到三句令人眼睛為之一亮的語錄或統計數據，製作成在社群媒體上使用的圖文。

♣ **再利用之三：在社群媒體上提供「搶先看」**。我會從完整版的那一集播客節錄一小段音訊，發布在社群媒體上。這種做法也適用於影片。如果你是部落客，你可以把文章中的一小段關鍵內容截圖，發布在社群媒體上。

♣ **再利用之四：將音訊轉換成影片**。雖然我最喜歡的平台是音訊播客，不過我知道我的理想客群代表也常常在YouTube上活動，因此我會將我的播客搭配靜態圖像或投影片發布到YouTube。另一方面，如果你的主要平台是YouTube，你也可以輕鬆地從影片中提取音訊，製作成播客節目。

方法很多，以上只是其中幾項，其實你可以用多種形式提取和呈現優質內容，無可限量。不過我還是要提醒一下，如果你才剛起步，我建議盡量保持簡單。

如果你目前偶爾才製作內容，那麼我希望你首先應該設法持續下去，逐漸養成每週發布一次內容的習慣，讓理想客群代表可以信賴你。一旦養成了習慣，你會逐漸得到客戶群的回饋，接著就會自然而然想做更多。到了這個時候，你可以回過頭來查看自己發布過的內容，開始將其再利用到其他平台上。

製作內容的美好之處在於，一旦你將內容發布出去，它就能自行發展。所以，不要等到每一個元素都配合得恰到好處才開始為目標客群堆疊價值，就從今天開始！

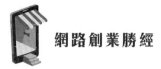

選擇平台並規劃你的内容批次處理

現在就來挑選主要的內容平台，並且規劃你的第一批內容，行動吧！

第一步：選擇平台

回顧一下我在本章提供的幾個選項，做一些研究，並與你的理想客群代表對話交流。在本週結束之前，我希望你能針對如何向受眾提供每週內容做出決定。

請造訪 www.twoweeksnoticebook.com/resources 查閱我最喜歡各類型平台的哪些App和軟體。

第二步：規劃你的第一批内容

等你確定要使用哪個平台與目標客群溝通之後，我希望你著手進行第一批內容的批次規劃作業。安排三十～六十分鐘不受干擾的時間，利用下列問題腦力激盪目標客群會喜歡的內容：

1. 哪些主題對你的理想客群代表來說大有益處？什麼內容可以提升他們的生活？

2. 你的理想客群代表目前面臨什麼困擾？

3. 你的理想客群代表向你提出了哪些問題？又他們「應該」問你但還不知道該怎麼問的問題是什麼？

4. 你可以教導或與理想客群代表分享什麼資訊，來啓發、教育和給予他們自主的力量？

5. 你需要解開哪些迷思？

6. 何種內容會引起他們的興趣，強化他們想向你學到更多東西的渴望？

　　一旦開始創作每週內容，你應該將流量導向內容，而最佳做法就是每週發送電子郵件給訂閱者，附上新內容的連結。不過採取這個步驟之前，我們必須先談談電子郵件清單爲什麼如此關鍵，以及建立電子郵件清單最有效的途徑爲何，這也是下一章要探討的課題。

吸引目標客群

⇨ 如何建立電子郵件清單？

　　要開始了！這又是一個警世文，而且是我親身經歷，故事講的是你在創業的頭幾年絕對不該做的事情。我剛起步時，注意力似乎往無數個方向發散，除了必須想辦法賺錢彌補我在公司上班的薪水，也必須好好關注客戶，他們才會一直回頭找我合作。我一定要——至少我自己這麼認為——把握每一個機會，因為坦白說，當時的我十分焦慮。

　　在狂亂的活動當中，有一件任務每週都在我的待辦事項清單上墊底，那就是建立我的電子郵件清單。我明明知道電子郵件清單在二十一世紀來講是建立健全事業很重要的組成元素，可是我卻患上了麻煩的「新奇事物症候群」，追逐各種看似刺激的機會，卻絲毫無助於我培養目標客群。

　　在踏上創業之路二年後，我茅塞頓開，彷彿嗅到了Wi-Fi的味道，意識到我真正的機會就是銷售線上數位課程。於是，我全心投入於打造我的第一門課程，教導作者們如何利用社群媒體出書，等課程準備就緒後，我感到萬分自豪。我的銷售頁面上線的那一天，我覺得

自己就像個在車道尾端剛把檸檬水攤子布置好的孩子，心裡很「篤定」過不了多久就會變成百萬富翁……然而一整天下來，一輛車都沒經過，我變得愈來愈沮喪。

真相慢慢地浮現：之所以沒有車流經過我的數位檸檬水攤子，是因為我「根本沒有花時間」培養這個檸檬水的目標客群。我知道有人需要我提供的資訊，但是我卻沒辦法接觸到他們！突然之間，我發現我把事情的優先順序完全弄反了。

這個真相實在令我難以接受，因為當時我已經打拚了二年，奔波於各種活動，忙著發「保險套」——呃，其實是我那花俏的金屬名片啦——有人請我去我都會露面，另外還從事一對一的教練指導，**根本沒有在經營我的事業**。

以現今的市場來講，所謂的經營事業說穿了就是建立你的電子郵件清單，無須多言。雖然我成功維持了自己的生計，這是一大勝利，但我並沒有替未來做好準備。

幸運的是，經過那次糟糕的首次推出經驗，我趁著這個機會著手學習建立電子郵件清單的種種技巧，後來我整個事業便開始翻轉。

強大的電子郵件清單萬萬歲

那麼，我說的「電子郵件清單」到底是什麼呢？我指的就是包含了你理想客群代表名字與電子郵件地址的清單，這份名單上的人都舉手表示他們想收到你提供的資訊。（如果你想知道在哪裡、什麼時候或用何種方法可以讓他們舉手，我來協助你──我們會在下一章探討各種可以充實這份名單的方法。）

無論你選擇了什麼平台，都需要電子郵件清單才能將內容傳達給最渴望得到的追蹤者。有鑑於此，你的郵件清單堪稱是你事業最有價值的資產，同時它也是衡量事業是否健全的標準，只要告訴我這份名單的規模，還有更重要的就是名單的互動程度，我就能看出你的影響力和收入高低。為什麼呢？因為那些邀請你進入他們收件匣的人是你的核心粉絲，也是最有可能轉換為付費客戶的一群人。

如果你沒有名單，或名單一直處於停滯、沒有增長的狀態，你的收入和影響力可能也會停滯不前。但你若是擁有互動率高的郵件清單，那麼只要你有某種有價值的東西可以提供給訂閱者，你的事業就可以隨時賺到錢。

每當我提到這個概念時，就會看到大家變得有些不自在，他們開始坐立難安，眼睛變得呆滯。他們知道自己的注意力被其他優先事項拉走，以致於無法專注在努力建立郵件清單這個至關緊要的任務上，所以他們找各種藉口搪塞過去。相信我，我都懂！我之所以懂，是因

為我親身經歷過。不過我現在要請你認真聽我說：如果你把步調放慢一下，花點時間為建立郵件清單打下紮實的基礎，我保證你一定不會後悔，你的事業會因此踏上動能與成長齊發的軌道。

我說我在創業時犯下最大的錯誤，就是等了將近二年的時間才開始專注於建立電子郵件清單，並非誇大其辭。我率先承認自己犯了「很多」錯誤，所以當我說這是其中最大的一個時，還望你嚴肅以對，因為你愈早開始擴充郵件清單，就會擁有愈多的「永久」粉絲。

那些需要和想要你提供內容的人會追隨你多年。我不但在那段浪費掉的歲月裡錯失了本來可以賺到的收益（當時我幾乎賺不到一毛錢），還錯過了二年建立郵件的機會，這是我永遠無法挽回的。我要是能早點看穿那些新奇的事物，一心一意把經營郵件清單視為首要任務，那麼現在我這份清單一定會更強大。

這就是為什麼當有人問我什麼時候是著手建立電子郵件清單的最佳時機時，我都會說**昨天**！不過沒關係，好消息是，開始建立清單的次佳時機就是今天。所以我們不如現在就行動吧。

在繼續深入探討本章之前，有一點需要特別注意。如果你讀到這裡時心想，**我選的是經營社群媒體粉絲，而不是電子郵件清單，它們基本上都是一樣的事情**，那麼我有壞消息要告訴你。儘管社群媒體是一種可以幫你發展事業的奇妙工具，但還是不夠。現在你之所以讀這本書，是因為你想做自己的老闆，為自己設計一個璀璨的未來，對吧？然而殘酷的現實是，社群媒體不屬於你，也永遠不會屬於你。

換言之，你並不擁有你的粉絲找到你並且追蹤你的那個平台。在
IG、TikTok 或 YouTube 平台上經營粉絲，基本上等同於用租來的土地
發展你的事業。眼下這種做法或許很有用，但你隨時可能被趕走。你
所依賴的社群媒體背後的經營者，也就是持有平台的公司，他們只要
決定修改演算法或你所仰仗的廣告規則，一夜之間，呼！你的粉絲就
再也看不到你的動態了。

然而，電子郵件清單歸你所有，它會化為你事業發展的穩固地
基，沒有人能奪走它，因為掌控權在你手裡。郵件清單的體質強弱，
全取決於你如何經營它。

更重要的是，研究顯示電子郵件可以更有效地將理想客群代表轉
換為付費客戶。雖然在 IG 上瀏覽你推出產品的人，可能會比郵件清單
收件者從郵件讀到同一訊息的人更多，但郵件清單的轉換率一直都比
較高。

根據直銷協會（Direct Marketing Association，DMA）和顧問公司
Demand Metric 所進行的一項調查指出，電子郵件清單的平均投資報酬
率為一百二十二％，這表示你在郵件行銷花一美元，就能賺取一‧二
二美元的利潤[1]。社群媒體追蹤者的平均投資報酬率有多少呢？只有郵
件清單的四分之一。你聽到了吧？電子郵件的轉換效果比任何其他數
位行銷管道高出四倍，正因為它是可以看到長遠收益的管道，我希望
你把火力集中於此。

　　如果你仍然需要更多有力的證據，請參考以下資訊。二〇二一年秋季某一天，臉書和IG當機了將近六個小時，我原本就計畫在那日促銷某個數位課程。假如我當時的規劃是用社群媒體作為主要銷售管道的話，一定糗大了，幸好我只向我六％的訂閱者推銷課程。那天我賺了將近一萬八千美元，僅僅靠著發送一封電子郵件給我一小部分的郵件清單收件者就辦到了，而這只是儘管我喜歡把社群媒體作為發展事業的媒介，但這個管道不會也永遠無法取代優質郵件清單的其中一個理由。

質勝於量

　　每當我講起電子郵件清單，話題總是不可避免討論到數字。我會聽到有人說「可是艾美，我的清單只有十個人，其中五個還是我家人！」或「我的郵件清單有五千人，可是每次發郵件給他們都石沉大海」諸如此類的話。又或者常有人問我：「電子郵件清單應該要有多少人？」、「『好』的郵件清單規模是指多少？」

　　我要在此先暫停一下，把事情說清楚講明白——當我強調擁有電子郵件清單非常重要時，我說的不只是訂閱的「人數」，我的重點在於這些訂閱者的「品質」。品質高低由訂閱者的互動程度來決定，也就是他們是否會打開你的郵件、採取行動、消費你每週的新內容、將

你推薦給別人，以及（最終）向你購買產品或服務。一份有品質的清單就表示你可以靠它轉換成銷路，你能用它建立及經營與訂閱者之間的關係，把他們當作VIP好好培養這段關係。

這裡正是你創作及發布每週內容給受眾，為他們的生活增添價值，強化「認識你、喜歡你和信任你」這幾個要素，最終發展出忠誠度，進而發揮影響力的地方。這些關係可以為你助攻，朝成功之路邁進，提高你的影響力，使你能拓展事業並增加營收。你不需要龐大的電子郵件清單才能成功，但你的清單確實應該具備高互動性。

很多學生跑來問我：「可是艾美，我的清單只有幾百人。」我總是這樣回答他們；你或許認為一百人不多，但如果邀請他們來你家吃飯，然後一百個人擠滿你家飯廳，你得負責招待他們、為他們準備餐點，這種時候你一定會覺得人很多吧！所以，當你想到自己的清單規模太小而感到沮喪時，請記住，那個「數字」裡的每一個人代表的都是你有機會影響的人。

事實上，我數年前做了一個實驗。雖然我的清單規模很大（既然我是專家，規模大才應該，對吧？），但我決定測試看看清單規模小的情況下，我的電子郵件行銷策略能發揮多少效果。為此，我向一小部分清單收件人發送了一封直播工作坊培訓課一百九十七美元的特惠促銷郵件。我們只選了一千人收到郵件，結果竟然在四十八小時內賺了六千多美元，真是令我們意外。你能想像如果你知道隨時都能只用一千人的清單在一夜之間賺到六千美元，內心會有多踏實？

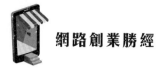

　　我的學生艾達瑪瑞絲就掌握了小清單的價值。她過去是有執照的心理治療師，後來有了自立門戶的大夢想。她不但想開創一個能讓她移居外國的事業，也渴望製播自己的播客、主辦女性專屬的度假靜修營，還有和歐普拉（Oprah）合作。聽起來不是什麼太難的事，對吧？所以她辭去了工作，創立自己的事業，把電子郵件清單拓展到三百人。

　　艾達瑪瑞絲利用臉書的直播影片培訓課程讓自己持續在理想客群代表面前曝光，又在口碑相傳和推薦的加持下，不斷為新潛在客戶增加價值並與他們建立連結，進而逐漸將這三百人打造成價值六位數的教練指導事業，把她身為心理治療師所學到的種種心態工具提供給女性創業者。此外，她也推出播客，主辦了第一場靜修營，並獲得《歐普拉雜誌》（O, the Oprah Magazine）的報導。這不就是夢想成真的寫照！她將目標交給宇宙，善用自己所擁有的東西，即一份只有三百人的郵件清單，結果每一個夢想都實現了。

　　我希望艾達瑪瑞絲的故事能夠幫助你，打破需要大規模的郵件清單才能做大事的迷思。每個電子郵件清單剛開始都很小，請集中心力定期提供巨大的價值。你可以發送電子郵件給清單收件人，和他們對話，為他們的需求和渴望提供解決方案，用這些方法多多與他們互動。

　　事實上，我最喜歡小規模郵件清單的一個地方就是，你有更多的機會與訂閱者建立個人關係。我剛起步時，只要有人寫信感謝我的內容讓他們達成某些成就時，我都會親自回覆他們的郵件。如果你收過某個你追蹤的人寫的親筆信，你一定知道這對創造終身客戶多麼有效。

與其忙著祈禱擁有規模更大的郵件清單，倒不如思考一下該如何和那些已經舉手表示想收到你更多資訊的人建立個人連結，針對他們自訂你要傳達的訊息。

分享每週的內容

如果要將一個小規模的郵件清單轉化為「高互動」的清單，就需要根據訂閱者的需求和渴望來分享內容。假如你定期持續向訂閱者提供免費且價值豐富的內容，那麼毫無疑問，他們對你和你的事業一定會更忠誠。

一旦開始每週創作內容，就把內容發送出去吧！每週都把新內容的直接連結發送給清單上的收件者。如果內容是部落格文章，可直接連結到你網站上的該篇文章。或者你製作的是 YouTube 影片，那麼將訂閱者直接引導到你的 YouTube 頁面即可。你若是建有私人社群主持問答活動，則從該處連結到文章。又或者你可以把本週新一集的播客簡介和連結發送給訂閱者。

如果你很好奇我如何通知訂閱者每週新一集的《網路行銷輕鬆學》播客已經上線，以下提供我一般寄給訂閱者的電子郵件內容範例供你參考。

New Message   — 🗗 ✕

To   Cc   Bcc

Subject   **如何規劃預售、網路研討會和課程內容的指南來了**

〔某某某〕，我聽到你的心聲了，現在就爲你送上解答！

你知道這個問題……

我該怎麼在避免透露全部細節的情況下，把預告內容、網路研討會內容和課程內容做區分呢？

（如果你沒問這個問題，那麼相信我，很多你的同行都問過！）

這是個很棒的問題，**在今天這一集的播客當中**，我會提供清晰的指引，告訴你哪些內容何時應該歸類在何處。

你會學到……

· 如何決定**預告內容的主體**（以及聆聽聽眾的心聲有助於你找到方向）
· 如何在網路研討會上激發目標客群問你：「**我聽完很興奮！現在我該怎麼做才好？**」
· 創作有價值的課程內容的一些祕訣

節目裡還有更多其他精彩內容！

傑出又充滿創業精神的你，快來收聽今天的播客，進入內容創作火力全開的模式。 >>>

收聽今天的節目後，你會完全掌握預告內容階段、網路研討會應該強調何種內容，以及你的課程又該放入哪些內容。祝你收聽愉快！

最誠摯的祝福
艾美

Send   🗑 ▾

你應該確實利用每週發送的電子郵件，攫取訂閱者的注意力，而最好的做法就是主旨要能打動人心，接著再來一段有趣的開場篇幅。你是否注意到我先認同他們的想法，然後再表示我準備回答他們的問題，藉此來直接回應讀者？你應該從這個部分開始，利用風趣、幽默、脆弱或訴諸情感來吸引讀者。不妨跟他們說個故事，或者向他們提問，激起他們參與的興趣。只要你述說的途徑緊扣著你的每週新內容即可，因為那就是你要引導他們前去的地方。

比方說告訴他們，你特別為他們製作的新集數播客已經上線了，而這一集不容錯過。稍微分享一下他們會學到什麼內容又為何應該關注、你創作這集播客的理由，以及該集內容對他們有什麼好處。無論如何，務必附上新內容的連結。

不要只是把連結裡的內容原封不動地複製貼上到電子郵件裡，你的電子郵件應該是一個扣人心弦的引子，最終目標在於將流量導向到你的每週原創新內容，所以最好讓目標客群能夠預覽一下點擊了連結之後會有什麼好東西在等待他們。

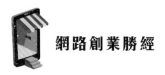

設定電子郵件服務提供商

我的學生表示，有三個因素影響了他們專心建立郵件清單的意願：（一）他們渴望先在社群媒體上培養更多追蹤者；（二）不知道從何處著手；（三）對技術束手無策。好消息是，我們已經打破了第一個障礙——如果沒有郵件清單，就不會有可靠的追蹤者。至於第二和第三個障礙，只要藉助電子郵件服務提供商的支援便可輕鬆解決。

電子郵件服務提供商（email service provider，以下簡稱ESP）是一種技術平台，可讓你輕鬆收集姓名和電子郵件地址，然後再向這些聯絡人發送電子郵件。早期的網路行銷做法是把郵件清單儲存在表單中，再將資料剪貼到要發送之電子郵件的「密件副本」欄位（即BCC），不過如今已經有了必不可少的清單管理軟體，這種工具不僅僅簡便好用，而且一定會幫你做到合乎當前的電子郵件行銷法規。

聽著，我知道技術這種東西看起來好像很恐怖，我個人就對ESP相當懼怕，特別是一開始我根本對這些東西一頭霧水的時候。（老實說，即使到了現在我也依然不是那種對技術很在行的女生！）不過創造了入門級ESP的人很清楚大多數的創業者並非技術天才，所以把介面設計得十分簡易。當你到谷歌搜尋「電子郵件服務提供商」，然後必須在洋洋灑灑的搜尋結果頁面上摸索各種選項時，這其實才是設定你人生第一個ESP過程中最困難的一個步驟。

市面上的ESP多如牛毛，各家提供商的特色大同小異，不過這些提供商總歸都具備同一個功能：讓你收集和儲存電子郵件地址，並發送郵件給清單上的收件人。

我對ESP自然有個人的偏好（如需我的推薦和服務對照指南，請造訪www.twoweeksnoticebook.com/resources），不過ESP的選擇純屬個人決定，以下提供一些做決定時我建議應當要考慮的變數：

◎ **價格**：各家價格不一，有不錯的幾家每月低於一百美元，其他的價格則由此起跳。部分電子郵件服務提供商甚至提供免費版本，不過聯絡人數量有所限制，如果你才剛起步，這種免費版本或許就很適當，但將來你的業務量達到免費服務的上限之後成本就會增加，務必確認你可以接受。別忘了許多提供商會提供免費試用版（期限通常為二週到一個月），不妨趁這個大好機會嘗試看看各家的服務。

◎ **電子郵件功能**：根據你事業當前和將來的需求，有一些功能是你在研究提供商平台時應該加以考量的。

‧該平台是否提供自動化功能（即根據某個人訂閱你的清單或點擊你電子郵件中的連結後經過若干天數，自動依序發送一系列電子郵件的能力）？

· 它是否提供「廣播」（單封電子郵件）和「宣傳」（隨時間進程
　依序發送一系列郵件）功能？

· 它能否讓你進行Ａ／Ｂ測試（比方說，發送二種相同內容但主
　旨不同的郵件，藉此驗證哪個版本效果較佳）？

· 每個月的電子郵件發送量是否有上限？如果有，這個上限是否
　適用於你？

◯ **範本**：無論是不懂技術的人亦或是對設計有強烈要求的人，都能
　透過範本輕鬆撰寫和格式化專業外觀的電子郵件。除此之外，範
　本還可以讓你製作自訂範本，譬如具有特定標頭和頁尾的電子
　報，方便重複使用。

◯ **附加功能**：該平台能否讓你建置「登陸頁面」（你把目標客群引導
　到這個頁面，讓他們能在該頁面上採取行動，比方說報名參加你
　的免費大師講習班或觀看影片）和簡便的表單，以利收集電子郵
　件地址？它是否提供「誘餌磁鐵」的代管和交付功能（即主控和
　發送可下載檔案的能力）？你是否可以整合電子商務的購物車？你
　能否建置網頁、銷售頁面和產品？

◎ **支援**：該平台的知識庫健全性和豐富度爲何？訂閱計畫是否包含了使用客戶服務支援的權限？你是否擁有電話支援功能或僅限電子郵件？ESP的客戶支援系統評價如何？

看了以上建議考量的事項你可能會暈頭轉向，不過別擔心。熱門的服務提供商多半都會提供你所需的「大部分」功能。不過要注意的是，剛開始適用的功能也許過了幾年之後就不再適合了，所以理想情況下，最好選擇一個可以隨著你的需求而成長的平台。

雖然大多數的事業將來都會更換服務提供商，不過若是能找到與你五年後的事業發展盡量貼近的提供商，那麼日後要煩惱的事情就愈少。

別去比較事業的後端運作

在繼續往下談之前，我們得先聊聊冒牌症候群討人厭的姊妹病——比較症。你認識這位比較症小姐，她會讓你腦海裡浮現出，**我永遠都不會像她一樣有這麼好玩的事可以講。他們的圖文比我的精緻多了。他做影片這麼多年了，我永遠都追不上。**諸如此類的想法幾乎不可避免，所以與其迴避，倒不如收集各種必要工具來對抗它們。就讓我來爲你做好準備吧！

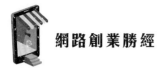

　　現在是晚上十一點，走在創業之路上的你焚膏繼晷，撰寫你的第一封電子郵件電子報。此刻你正在打造你自認最動人的個人故事，準備和訂閱者分享，這時你決定看看收件匣裡的幾封電子報，稍微刺激一下自己的創意靈感。

　　你心想，**這樣有什麼壞處？我不過是尋找一點靈感罷了！**結果接下來你就掉進了沒有止境的電子報深淵中，腦海充滿了這類的想法：**喔不會吧，我怎麼有辦法跟那個競爭？我的電子報感覺就像小二生寫的！真是可笑！**你開始讓自己愈陷愈深，沉浸在比較症的黑洞中。

　　我們都曾把自己拿來和網路上的陌生人做比較，但問題就在這裡，網路上這些讓你糾結的人是「陌生人」。因為你不認識他們，所以很容易把自己事業的後端運作——沒辦法命中市場的內容、未能履行協議的承包商、你犯下的各種錯誤、週末和深夜都在工作、財務狀況的不確定性，以及你創業時碰到的各種尷尬和困境——與那些陌生人事業的前端表現相提並論。

　　當你看到別人風趣、充滿創意的電子報或他們在社群媒體上的影像編排得完美無瑕時，你眼中所見只是他們「希望」別人看到的樣子而已，實際狀況是否真如表面那樣成功，猶未可知。

　　你在創業之路上奮戰的時候，後端運作的情況必定很混亂，這是正常的！但是把亂糟糟的後端拿來跟別人光鮮亮麗的外表比較，卻是不公平的。

我們也很容易去跟已經創業多年的人比較。比方說，你聽了我的播客《網路行銷輕鬆學》後可能會想，**艾美已經打通任督二脈了！她現在有五百多集的播客！我只有十集而已！**在那個當下，你大概沒注意到我二〇一三年就開始製作播客了，然後持續做了很多很多年，當初的我，也曾經有過只有十集播客的時候。

我的建議如下：戴上眼罩，低頭努力，專注於你的軌道，然後走下去吧。魔法從中而生。

檢視你的郵件清單

講到如何建立和經營高互動的電子郵件清單，只需看一下收件匣，就能清楚掌握哪些方法有無效果。生活在現在這個時代的你一定訂閱過郵件清單，而且說不定數量還不少，所以請查看一下你的收件匣，找出你訂閱的三個電子郵件清單。譬如，你每天是不是都會收到最愛的那家零售商寄來的電子郵件？每週是否都會收到你追蹤的網紅發送的郵件？是否每個月都會收到你事業用到的某種資源的回顧報告？

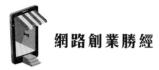

　　找出三個你訂閱的電子郵件清單之後，接下來要進行電子報稽核，做個對照比較。執行步驟是，請先開一個 Google 文件或 Word 檔，或如果你像我一樣老派，也可以準備筆和本子，然後找個舒適的地方坐下來。先畫二欄，並在其中一欄的頂端寫一個加號，另一欄的頂端則寫減號。或者用「正」和「反」二字、拇指向上和拇指向下的圖案，或任何你喜歡的標誌都無妨！

　　接下來，我希望你用三十分鐘的時間回顧至少三封從不同郵件清單寄來的電子郵件，並且於查看郵件的同時，一邊在你的文件中做稽核記錄，把郵件的正反面效果列出來。比方說：我喜歡收到這些電子郵件的哪些部分？它們哪些地方有效果？我為什麼留在它們的郵件清單上？這些電子郵件讓我最投入的是哪些部分？什麼原因讓我點擊了其中的某些內容？（還請切記，稽核的目標是為了做研究，別掉進和他人比較的陷阱裡。）現在，從另一面來看：我不喜歡它們哪些地方？以前有什麼因素讓我考慮取消訂閱？我希望它們哪些部分可以做得更好？它們哪裡沒有做到位？

　　把這些想法用來激發創意，運用於你的電子郵件清單。在寫了正反面效果的筆記下方，列出五項你想融入自己電子報的東西，比方說你喜歡他們講故事的方式嗎？你會不會覺得他們的 GIF 動畫和梗圖做過頭了？他們用的是比較有設計感的專業外觀，還是只有文本形式、比較隨意的風格，你偏好哪一種？有沒有哪些主旨特別亮眼，說不定你會想仿效？

或者，有沒有某種主旨的風格是你想避免的？這些電子郵件是否有某種結構或特定功能適用於你的事業？你很容易採取它們想要訂閱者進行的下一步行動嗎，譬如造訪其網站、觀看影片或下單購買？

寫下至少五種你從這份筆記發想的做法，然後付諸實踐。把這份文件放在隨手可取之處，這樣你開始撰寫下一封電子報時，就可以拿出來參考。

現在，你已經瞭解了為什麼一份高互動的電子郵件訂閱者清單是打造線上事業的基石和最重要資產的理由，接下來就要開始應用戰略，幫助你擴充清單，將它發展成可以產生收益的資產。

擴充郵件清單！

⇨ 如何用誘餌磁鐵吸引訂閱者互動？

想像一下，某天晚上你漫無目的地滑著手機，瀏覽當天社群媒體上的動態，突然間，你看到一個讓你瞬間興奮到起雞皮疙瘩的優惠，而且正是你這輩子一直在等待的資訊！

無論那是教你如何在三十分鐘內製作無麩質蔬食晚餐的免費指南，或者是承諾會按部就班指導你布置家用影片工作室的免費影片培訓課程，還是一段保證可以緩解你壓力並舒緩焦慮的免費冥想音訊，你知道你絕對不能沒有這份寶貴的訊息。於是，你點擊連結之後，被神奇地傳送到某個網頁，頁面上說只要提供名字和電子郵件地址，這份美好到幾乎令人難以置信的禮物就會悄悄送進你的收件匣。

如果你覺得以上情節似曾相識，那表示你本身一定碰過名叫「誘餌磁鐵」的東西。誘餌磁鐵要吸引的就是「你」！你正是這份精彩內容鎖定要吸引的「銷售線索」，也稱為潛在客戶。「磁鐵」──即免費資源──所給予的承諾強大到讓你願意用自己寶貴的電子郵件資訊來交換它。瞧！接著你的生活（但願如此）會因為這份指南而改善，把

指南提供給你的精明業主則替自家電子郵件清單增加了一個高互動的銷售線索。

「誘餌磁鐵」有時候稱為免費贈品或免費資源，它就是解開「我已經開始建立電子郵件清單……嗯，但是該怎麼做呢？」這個問題的鑰匙。這種免費提供的禮物會激勵潛在客戶註冊你的郵件清單。換句話說，你給他們有價值的東西，他們則用自己的聯絡資訊（至少是電子郵件地址，有時候也會提供他們的名字）作為交換。

若要打造成功的誘餌磁鐵，你應該先瞭解目標客群想要和需要從你這裡得到什麼，這表示你必須回過頭去重新思考你在第5章中勾勒的理想客群代表。另外一個條件就是你需要知道自己要提供什麼付費產品，因為建立郵件清單的最終目標就是將訂閱者轉換為付費產品或服務的客戶。

假設你是約會教練，專替個性內向的女性尋覓「真命天子」，在這種情境下，你就不該用如何按節慶布置居家環境的誘餌磁鐵來擴充郵件清單，否則的話就會獲得與你要銷售的服務風馬牛不相及的電子郵件清單。

因此，你在考量你的第一個誘餌磁鐵應該包含什麼內容時，
想一想下列問題：

🔒 你的受眾需要理解、認知或相信什麼東西，才會在日後
想要或需要你的付費產品、課程或服務？

🔒 你如何開啟與他們的對話，滿足他們此刻的需求？

🔒 你需要先改變他們的心態，才能讓他們準備好向你購買嗎？

🔒 他們是否需要快速致勝，來激發一些動力並品嚐到一點
成功的滋味？

再以約會教練爲例。也許你的核心客戶需要先改變約會令人焦慮
這個想法，她才能準備好報名教練指導套裝產品。如果是這種情況，
那麼你或許應該設計一個叫做「內向人無壓力交往指南」的誘餌磁
鐵，該磁鐵的目標就是讓受眾用了這份資源之後會說：「哇！我不敢
相信她竟然會免費分享這個資訊！」（順便提一下，千萬別害怕免費分
享你最棒的內容！你的付費產品一定會比你提供的任何免費贈品更深
入和全面，當然也更有價值。）

我來分享一下我的學生戴文的眞實故事。戴文是一位簡化客戶退
休計畫的財務顧問，他製作的二十九頁免費電子書教人們如何運用社
會安全福利計畫，可是並沒有發揮誘餌磁鐵該有的效果，因爲這本電
子書無法讓人快速瞭解計畫的運作。

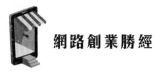

戴文知道問題在於內容太長,所以他設計了一頁式的懶人包,幫助訂閱者判定自己是否有待領的給付。結果他只用 Facebook Live 的影片培訓宣傳他的免費資源二十四小時,就收獲了一千多名新訂閱者,使郵件清單成長二〇%!這種大量採用資源進而擴充清單的效果,也完全有可能發生在你身上。

誘餌磁鐵圖鑑

誘餌磁鐵基本上可以是你免費提供給受眾的任何東西,目的是為了換取他們的名字和電子郵件地址等資訊。話說回來,有幾種常見的誘餌磁鐵總是不斷出現,這當然有很大一部分是因為它們「很有效果」!我們現在就來一一瞭解。

$ 懶人包

懶人包是指一〜二頁的文件,提供一系列的步驟、方針或範例,有效簡化了某個複雜的流程。懶人包能讓客戶速覽資訊並獲得基本概念,節省了自行歸納、消化或記憶資料所花的時間、精力和注意力,是一種可供客戶隨時回來複習主題的資源。

我在設計誘餌磁鐵時秉持的座右銘是把它們做得夠簡單,讓客戶用極快的速度「達到目的地」。最好不要讓受眾花數週的時間才能看

完誘餌磁鐵的內容，而是應該使他們立即產生成就感，並將「勝利」的感覺和你的協助聯想在一起。這正是懶人包發揮的效果，它容易瀏覽，通常用很多圖像來說明重點，因而淺顯易懂，它的價值可以馬上就體驗到。

我的課程和促銷內容經常用到懶人包，譬如我設計了一個爲期三十日的訓練營，作爲我推出「數位課程學院」課程前的暖身。我們在這個訓練營中會回顧學員在建立和推出數位課程時，必須要做的七個關鍵決定。所以三十日訓練營開課後，我就馬上提供了一份懶人包，讓學員得以概覽這七個決定。

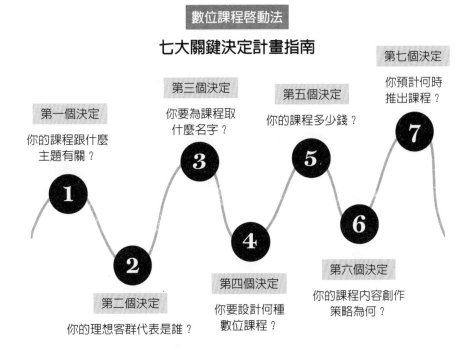

其他懶人包範例如下：
‧所有業主都該掌握的前五大指標
‧魅力無法擋的電子郵件主旨解析
‧與紅酒最速配的食物
‧精通煙燻妝的藝術
‧老奶奶的簡易蘋果派食譜

⑤ 檢核清單

檢核清單是一種可以讓目標客群追蹤他們朝目標前進的進展，確保自己不會漏掉過程中的任何步驟或行動任務的做法。檢核清單之所以大有用處，是因為它能幫助受眾採取行動並保持當責。如果他們勾選了每一步驟，就更有機會取得成效。

我的學生桑妮是一位營養師，她設計名為「十種甲狀腺缺乏的營養素」的誘餌磁鐵，提供一份含有十種營養素及其益處的檢核清單，幫助學生確實攝取各種保持甲狀腺健康所需的營養素。

或者你也可以參考以下範例，激發你的創意：
‧高效會議的終極檢核清單
‧換掉爆胎的十個步驟
‧新娘來了：婚禮當日的檢核清單
‧健康生活的儲物室食材檢核清單
‧新生兒物品全方位檢核清單

💲 指南

　　指南的內容比檢核清單或懶人包更加豐富，為受眾提供高水準的價值。它通常包含可取得預期成果的路線圖，並透過故事和範例把心得教訓解說得十分生動。高度的可行性是指南成功的關鍵，讀者可確實獲得成果，因而願意回頭向你尋求更多協助。不過要特別注意的地方是，不要把指南設計得「太繁重」，這種感覺會讓受眾退避三舍，完全不想打開它！

　　我的學生喬丹針對教練和顧問製作了一份名為「VIP的日程路線圖」的指南，分享設計和銷售「VIP日程」方案的九個步驟，以達到與單一客戶進行全天會議或靜修活動的目的。這種資訊就非常適合用更為豐富的「指南」形式來呈現，因為喬丹在這個主題上有許多東西可以分享。

　　喬丹除了指導學生一一完成九個步驟之外，還介紹「VIP日程」如何改善教練或顧問的事業與獲利、為防止降低轉換率應避免的錯誤，以及關於她自己的背景以及如何與她合作的資訊。如果用簡易的懶人包來解說，讀者勢必會錯過這些額外的價值。

　　以下提供幾個指南的主題範例供你參考：

・德州奧斯汀的旅遊攻略

・網頁設計的入門指南

・蓋樹屋的終極藍圖

・冥想入門：用五個簡單的口訣安撫心靈並集中注意力

・數學課程：六至八年級的指南

$ 培訓

　　培訓可以讓目標客群有機會真正感受你這個人和你的教學方式，通常以影片或音訊形式呈現，視內容及你的喜好而定。這種誘餌磁鐵的個人色彩比較濃厚，能讓你更接近潛在客戶，並因此與他們建立更深層的連結，同時也有利於受眾看到你的個性和教學風格，以及你所代表的價值觀，這是PDF指南或懶人包未必能發揮的效果。

　　財務專家派翠絲・華盛頓（Patrice Washington）有一個名為《財富真相》的聽講培訓，她指導受眾如何「不追逐金錢」也能賺更多。這個培訓簡介了派翠絲的人生觀，可以讓你充分感受到參加她付費課程的整體氛圍。

　　YouTube是各種影片培訓範例的一大資源，只要小心別在平台上迷失了一個下午！以下提供YouTube網站上一些很有特色的培訓課題：

・服裝設計師如何打造經典造型
・初學者的草坪維護祕訣
・設計一封助你獲得面試機會的求職信
・最常見的醫學詞彙（英語和西班牙語雙發音）
・十二種手工刺繡針法

💲 迷你課程

免費的迷你課程是「一系列」漸進式的內容，著重於指導受眾某個特定主題，可進一步發揮培訓誘餌磁鐵的功效。學生選擇加入之後，你就用電子郵件提供一系列培訓（而非只有單一次），通常以影片的形式在幾日之內分階段發送。

迷你課程具有很高的知覺價值。換言之，「課程」一詞會讓目標客群認定你精心設計了一個框架來提供他們所需的內容，「迷你」二字則指出了你也下足功夫將整個課題精煉成不會讓他們感到壓力的小分量資訊。

我的摯友史圖・麥克拉倫（Stu McLaren）就有一個迷你課程，教導學生如何將他們現有的專業知識或活動轉換爲可獲利的會員課程。他提供了三個影片培訓，來換取目標客群的名字和電子郵件地址，而這個誘餌磁鐵他也用了好幾年，獲得數萬名學員加入。以下是其他的迷你課程範例：

・迷你理財工作坊：投入資金前應採取的四個步驟

・免費的幼兒里程碑迷你課程

・罐裝花園蔬菜系列三部曲

・修復信用積分的五個關鍵速成課

・鏡頭前自信表達的妙招：免費影片系列

對於迷你課程我唯一的提醒就是，應該讓目標客群意猶未盡。換句話說，他們看過你的課程之後，不該有「哇，我剛得到了我夢寐以求的完整轉變！」這種想法，否則的話他們就會覺得沒有購買你產品或服務的必要，因此請務必謹慎拿捏分寸，在提供重要價值的同時，也要激發他們渴望進一步以新方式與你合作。

💲 挑戰

一個成功的挑戰活動不僅能快速擴充電子郵件清單，也會發揮吸引新客戶的潛力，創造終身客戶。我相信你一定見過很多這類挑戰：五日銷售漏斗挑戰……七日五公里挑戰……四日寫書提案挑戰。

一場挑戰活動通常為期三～十日，你每天都會提供內容給受眾，鼓勵他們「當日」就採取特定行動。你可以透過每日電郵、Zoom通話、私人社群（如臉書社團）中的聚會，來引導他們完成各種每日挑戰，藉此嘗試新事物或實現長期目標。由於你每天都會現身陪伴他們採取這些大膽的行動，他們便會對購買你的產品或服務之後會得到的體驗有大致的概念。

我的學生蘿倫想幫助目標客群找到身體自覺和自身風格，於是她設計了一個名為「愛你的身體風格挑戰」的一日活動。她針對這場活動組了一個臉書私人社團，並在社團裡舉辦每日直播影片課程，直接給受眾回饋意見，同時也用電子郵件發送影片課程的連結給所有報名參加挑戰的人。結果超級成功，她第一次主持這種活動就有五千人選

擇加入。

　　以下是我見過的一些效果卓著的範例，供你參考：

‧十天內擴增社群追蹤者

‧十四天降低成本挑戰

‧五日感恩日記書寫挑戰

‧週末衣櫥大掃除挑戰

‧一周重燃婚姻愛火挑戰

　　現在，在你決定自己是否適合舉辦挑戰活動之前，我想坦白告訴你：挑戰活動並非我首選推薦的誘餌磁鐵。如果你才剛涉足誘餌磁鐵這個範疇，我鼓勵你先從「長青型」的東西著手，也就是指隨時隨地都可以供任何想用的人使用的內容，譬如PDF、影片或音訊等等。

　　舉辦挑戰活動需要靠時間、策略和經驗去統整，而且又有時間限制，意思是指僅限一定的時間內可用。如果加入挑戰的人不多，就會有心血都白費的感覺。但你若是想嘗試高風險、高報酬的途徑，那麼挑戰活動成功的話確實有機會大大擴充你的電子郵件清單，也會為事業注入大量的活力。

$ 測驗

另一種擴充郵件清單的策略就是提供有趣又可洞察人心的測驗。誰不喜歡透過測驗的方式深入瞭解自己呢？想想看，我們從十六歲起就一直做《柯夢波丹》雜誌裡的心理測驗，譬如從我們最喜歡哪種萬聖節糖果來判斷我們的感情狀態之類的。如今，我們已經升級到做BuzzFeed網站上的測驗，算出我們最像哪位名人的狗狗，或是我們應該會進入霍格華茲哪個學院等等。人們真的很愛做測驗。

如果你刻意以目標客群為對象設計測驗的話，這種測驗實際上可以創造真正的價值——讓你的受眾獲悉他們過去對自己一無所知的面向。你可以根據測驗的結果，確切針對他們目前的狀況用你的專業來提供指引和資源。如果測驗有效的話，那麼結果一定會得到受測者的共鳴——「她真的懂我！」——並引導他們成功邁出下一步。

當他們得到測驗結果時，你可以提供以他們當前需求量身定做的資源。如果操作得當的話，你就能利用測驗幫助受眾一窺解決他們問題的方法，進而深刻感受到你對他們大有助益，最終引導他們前去購買你的產品或服務。

我用測驗來宣傳我的招牌課程「數位課程學院」已經行之有年。這一路走來我試驗了各種不同的測驗主題，譬如「你準備好上數位課程了嗎？」、「你打造可獲利數位課程的個人路徑是什麼？」等等。

我們來看看我的幾位學生和同事的範例：

· 找出你的數位夢幻工作

· 你的孩子坐在汽車座椅上安全嗎？

· 你準備好賣掉你的房子了嗎？

· 你的工作和生活平衡嗎？而我個人最喜歡的是……

· 你應該爲你的線上事業設計何種測驗？

$ 電子郵件電子報

　　線上最「親密」的空間莫過於你的收件匣了。相較於每週電子郵件電子報會直接把整份郵件清單引導至你的每週內容，電子報的誘餌磁鐵僅提供針對特定一群訂閱者打造「前所未見」的內容，其獨特性會提高你所提供之內容的知覺價值。這對你的訂閱者來說不是一次性的體驗，而是一種持續的關係，你可以趁此機會與讀者持續進行互動和連結。

　　育兒部落格《露西的清單》的電子郵件電子報就是很好的例子。這份電子報有個恰如其份的名稱，叫做「小床單」，它會要求你輸入孩子的年紀或預產期，之後你就會收到以各階段會經歷的狀況所量身打造的內容，譬如針對你懷孕三個月時應該會出現的生理變化，或者是你的孩子在一和二歲時所需的各種裝備等等。

　　以下提供幾個熱門的電子郵件電子報主題：

· 本週五大新聞

· 本月數位行銷十大好文

· 本週末五十件待辦事項

‧三十分鐘搞定的季節食譜

‧提升生產力的三個自我提升祕訣

$ 簡訊

如今幾乎人人都有行動裝置傳送和接收簡訊，這表示簡訊往往會被開啟。簡訊能讓你以個人和對話的形式與目標客群溝通，是容易取得和使用的做法，被看見的機率很高，又可以發揮簡要明瞭的效果。

如果你想提供簡短型的內容，譬如每日提醒或訣竅，這種平台十分適合，只需記得留心訊息的頻率和內容，避免出現退訂的狀況即可。我強烈建議使用簡訊軟體來收集電話號碼並發送簡訊，最好別手動處理，這樣做可以在受眾增加時減輕你的負擔，並確保合乎通訊法規。事前向註冊接收簡訊的人告知你發送簡訊的頻率也是很好的做法。

創業家暨行銷專家蓋瑞‧范納洽（Gary Vaynerchuk）不但向他的社群發送簡訊，甚至還將訊息分成不同群組，用主題標籤來整理標示。社群成員只要將特定群組的主題標籤以簡訊發送到某個電話號碼，就表示你選擇接收該主題群的所有訊息。他設置的社群群組有#AskGaryVee、#Twitter、#Podcast，以及#wine和#NBA等等。

以下提供幾個主題範例，可作為發想簡訊內容的靈感：

‧透過客戶支援代表解答你的問題

‧每日正念訣竅

‧用個人訊息保持聯繫

・實體產品的訂單更新
・每週選歌，暢聽無阻

誘餌磁鐵的交付方式

　　打造誘餌磁鐵的方法很多，以上列舉的只是其中一小部分。你還可以製作電子書或設計範本、撰寫報告或白皮書、建置計算機、統整案例研究、提供免費試用，或者是提供產品或服務的優惠券或折扣等，有無限的可能。只是別忘了，誘餌磁鐵的目標在於吸引優質的潛在客戶，也就是對你的產品或服務有興趣的人。用創作內容來引導他們從現在的位置走向你的付費方案，這才是達成目標符合邏輯的做法。

　　打造好誘餌磁鐵之後，接下來就要設計一個網頁，讓潛在客戶在此提供他們的電子郵件地址，來交換你有價值的內容。還記得在本章開頭，你滑社群媒體時被一個難以拒絕的優惠吸引嗎？後來你點擊了連結，被傳送到一個含有表單、請你輸入名字和電子郵件地址的網頁，這個頁面稱為「名單擷取頁」——相當貼切的名字，因為潛在新訂閱者正是在這裡選擇加入你郵件清單。

　　大多數的網站平台和一些ESP把「名單擷取頁」設計得很容易製作，只要利用可拖放的範本和表單，就能讓你輕鬆建置並快速啟動運作。除了名單擷取頁面之外，還需要有所謂的「感謝頁」，這是訂閱

者點擊名單擷取頁上的「提交」按鈕後會到達的地方。通常該頁面會顯示——準備好聽答案了嗎？——**謝謝你！**同時也會提醒訂閱者，免費禮物正在收件匣裡等待他們。某些情況下，這份免費贈品可能會直接顯示在感謝頁上，譬如迷你課程的第一支影片。

　　大多數轉換率高的名單擷取頁在內容、版面、註冊和感謝頁方面都會遵循特定的標準。當然，名單擷取頁應該直接與電子郵件軟體連結，來擷取註冊的詳細資料，以便將潛在客戶納入不斷擴充的電子郵件清單中。由於細節太多，請容我依序稍加解釋每一項標準。

⑤ 名單擷取頁粉絲禮

　　潛在訂閱者點擊按鈕或連結來獲取你的誘餌磁鐵時，就會到達名單擷取頁。你在這個頁面上有機會進一步鼓勵他們提供聯絡資訊，以換取誘餌磁鐵。這種鼓勵做法稱為「名單擷取頁粉絲禮」，從本質上來講它就是行銷文案，所以應該清晰、聚焦且緊扣主題。

　　務必明確界定目標客群目前碰到的痛點，以及你的誘餌磁鐵如何提供解決方案，或是受眾在閱讀、觀看或收聽後會獲得什麼好處。請避免提供過多資訊，你的誘餌磁鐵實際上只需要強調二個最切題的細節：（一）它創造效果；（二）它免費。

　　以下是新冠肺炎疫情初期，我製作的一個誘餌磁鐵的名單擷取頁所使用的文案範例：

PDF免費下載

如何在不確定時期讓居家工作有效率

居家工作大成功的精華指南來了！無論你是初次嘗試居家工作，又或者已經是遠距工作的專家，這些祕訣都會幫助你在新工作場所更快樂、更有生產力且更有成效。這本指南包含了支援社區的方法（甚至不需要出家門一步），以及各種保持心態豐足的工具。

馬上領取

💲 名單擷取頁版面

　　名單擷取頁的版面應該有簡單明瞭的動線，能引導受眾採取你希望他們採取的具體行動（例如，點擊「立即領取」按鈕）。別在此頁面上加入連至你首頁或部落格的連結，這樣會把頁面弄得很雜亂，請確保只有一個呼籲行動可操作。

　　無論名單擷取頁是你網站上新建的一頁，或是存放在電子郵件服務提供商平台，該頁面都必須與你的品牌風格一致。你可以更改顏色、字型、標誌和其他設計元素，使該頁面無縫接軌你的主網站。給潛在客戶一致的品牌形象，有利於他們的顧客旅程保有連貫性的體驗，務必特別留意這一點！

⑤ 名單擷取頁註冊流程

註冊流程應含有易於導覽的表單,來擷取潛在客戶的聯絡資訊,也就是你用誘餌磁鐵所收集的資訊,而關鍵則是讓受眾能夠輕鬆提供這些資訊。換句話說,你的要求愈少,受眾註冊的機率就愈高。除非你真的需要姓氏、郵寄地址或電話號碼,否則我建議註冊表單只用「名字」和「電子郵件地址」這二個欄位即可。

以上述的居家工作誘餌磁鐵為例,我的名單擷取頁面上只有一個操作動作,那就是點擊「立即領取」按鈕。一旦有人採取了這個行動,接下來就會出現以下彈出式對話框:

領取你的指南,裡面包含成功遠距工作所需的一切資訊

名字

電子郵件地址

好的,謝謝!

⑤ 感謝頁面

設好名單擷取頁面後，接著就來建置感謝頁面，這個頁面會在受眾成功提交資訊後彈出。當你註冊後能確認聯絡資訊已傳送成功，總是感覺很好。此外，你的感謝頁面也是一個告知新訂閱者「下一步」的地方，指示他們該去何處以及如何取得你承諾的誘餌磁鐵。

以下是訂閱者註冊領取我的免費居家工作指南時，所收到的感謝頁內容：

感謝你的註冊

請檢查收件匣領取你的免費贈品……現在就開始行動吧！

沒有收到電子郵件？請務必檢查垃圾郵件匣。如果需要其他協助，你可以利用 support@amyporterfield.com 與我們聯繫。

---

⑤ 整合你的電子郵件服務提供商

現在是把一切串連起來的時候了！你的名單擷取頁和感謝頁都準備就緒之後，接下來應該將它們與你的電子郵件軟體進行整合。也許你已經在電子郵件服務提供商的系統上建置了這些頁面，假如是這種情況，則無須再進行其他操作。但如果你是用 WordPress 或其他軟體

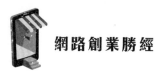

建置這些頁面，就必須按照ESP的指令將你網頁上的欄位與ESP的資料庫連結。連結成功後，你就能輕鬆透過電子郵件向潛在客戶發送每週的內容，然後逐漸將他們從潛在客戶轉換為客戶。

宣傳誘餌磁鐵

人們需要知道你有誘餌磁鐵，它才能發揮功效。我的學生蘿絲在她的YouTube影片中提到誘餌磁鐵，所以她的頻道開啓之後，電子郵件清單就在短短一個月內激增到一萬五千人以上。因此無論何時何地，都要激發潛在客戶關注你的新資源，你可以在社群媒體簡介中提供誘餌磁鐵的連結，在每週內容中提到它，從你的網站連結該磁鐵，以及在製作影片和播客訪談時分享它的訊息。（我們會在下一章節深入探討這個部分。）等你準備好時，也可以使用付費廣告將流量引導到你的名單擷取頁面。

我知道這部分可能感覺有點可怕！事實上，我自己在創業大約二個月後，製作了如何在臉書平台上獲得更多追蹤者的第一個指南，但我對於該不該讓別人知道它的存在感到十分猶豫。荷比問我是什麼令我裹足不前，我馬上就明白：我擔心前同事不知道會怎麼看我，更不用說我的前老板湯尼・羅賓斯。**她哪有資格創立自己的事業啊？她懂得又不夠多。她還沒準備好吧**。我把這些深層的不安告訴荷比，他溫

柔地望著我。

「寶貝，」他說：「我必須告訴你，你的前同事，特別是湯尼，嗯……該怎麼客氣地說呢？他們根本沒有在想你的事，我實在不願意點破，不過他們只專注自己的事情，他們都在忙別的事。」我立刻感到一陣尷尬，意識到我以為整個世界都繞著我轉。可是接著我也感到欣慰，荷比說得沒錯，他們都專注在他們自己的事業上、他們自己的世界裡，我已經不再屬於那個方程式了。

當你想到製作誘餌磁鐵後要昭告天下，讓大家知道它的存在並使用它時，你可能會像我一樣猶豫不前。「別人會怎麼想？」是每位創業者開始在線上發布內容時，腦海裡會浮現的問題。但請記住，你的家人、同事、前老闆和線上的陌生人——沒錯，我們有時候還是會擔心網路上與我們素未謀面的陌生人會怎麼想，雖然聽起來很荒謬！——其實全都在忙著做他們自己的事情。（說不定他們才擔心你對他們所做的事情有什麼看法呢！）如果他們「真的」覺得你瘋了或者是還沒準備好或任何你擔心的事，那又如何呢？這時你只需想一想茉莉的智慧之語：「親愛的，你不需要所有人都喜歡你。」

*   *   *

在這一章結束之前，我想分享另一個關於優質誘餌磁鐵之力的故事。伊娃在數位行銷領域工作了六年後，決定冒險一試，自立門戶做

顧問。她終於體驗到長久以來渴望的自由時間，所以也開始深入探索靈魂，拋開那些一直以來束縛著她的潛在信念和舊模式。

她體驗到深刻巨大的轉變，致使她最終決定改弦易轍，從數位行銷的顧問工作，轉為「教導他人內在探索」這個讓她獲益良多的活動。問題是，在這個新行業中她沒有目標客群。

有過創業經驗的伊娃架設了一個全新的網站並準備好誘餌磁鐵，幫助她的受眾克服對冥想的抗拒，並且開始創作每週內容。她去上了同事的播客節目，介紹她的新誘餌磁鐵，那次過後三個月，她的電子郵件清單就從一百二十五人擴充到一千多人。千萬別低估一個優質誘餌磁鐵的力量！

設計誘餌磁鐵

接下來要做的就是選擇你要設計「何種類型」的誘餌磁鐵。它是PDF檢核清單嗎？三部曲的影片課程？性格測驗？做了決定之後，便可開始發想誘餌磁鐵內容的各種點子。

請記住，你應該設計一些受眾難以抗拒的東西，某種誘人到足以讓他們願意用寶貴的電子郵件地址來換取的東西。參考以下幾個問題來激發你的創意：

- 與你的理想客群代表開啟對話的最佳切入點是什麼？

- 你最常被問到的問題是什麼？

- 你的理想客群代表最害怕什麼？

- 有什麼可以立即幫助你的理想客群代表？

- 你有什麼東西是理想客群代表沒有預料到，但如果你免費提供的話會令他們驚豔？（不妨考慮快速致勝的內容，不要太冗長！）

- 在購買你的產品或服務之前，理想客群代表需要先對自己或自身處境有什麼認知？

- 你如何使理想客群代表擺脫困擾或沉重的壓力？

- 你的理想客群代表最大的痛點和（或）渴望是什麼？什麼可以幫助緩解這種痛苦或有助於滿足那些渴望？

- 什麼內容十分寶貴，足以使你的理想客群代表驚呼：「我不敢相信這是免費的！」

現在，拿本筆記本或用你喜歡的裝置填寫以下工作表：

誘餌磁鐵名稱：

誘餌磁鐵的成果／轉變（即理想客群代表經由誘餌磁鐵所獲得的好處是什麼？）：

三至五項內容重點（利用上述問題，你的誘餌磁鐵會包含的三～五個內容重點是什麼？）：

打造誘餌磁鐵的三件必做事項（即你立刻採取哪三個行動，來打造
這個誘餌磁鐵？）：

_____

_____

_____

_____

_____

截止日期（即你何時會將這個誘餌磁鐵打造完成，並準備好昭告天
下？）：

_____

現在，你已經準備好推出誘餌磁鐵了，接下來就要開始在社群媒
體上宣傳它並與你的受眾互動；對當今的創業者來說，這應該是最有
用又最具挑戰性的領域了。

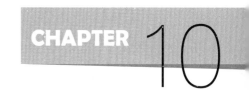

社群媒體讓你無往不利

⇒ 如何按照自己的心意經營粉絲？

CHAPTER 10

傑咪在會計領域工作了十三年，曾任職於一家大型飲料裝瓶公司。看起來這是一個很好的工作，她很喜歡，而更棒的是，她也做得游刃有餘。不過每天都過著醒來後投入工作，匆忙準備晚餐，送孩子上床睡覺，然後又再次醒來這種千篇一律的日子，她覺得完全被別人的計畫制約，無法掌控自己的時間，也少了自由的感覺。

儘管傑咪很喜歡在公司得到的肯定，因為她天生就是一位追求成就的人，可是她很清楚自己想做一些能對這個世界發揮影響力的事情，而目前的工作無法實現這個想法。事實上，她有時候看著同行的成功女性時，心裡會想：「那不是我想為自己和家人創造的生活。」她也知道她不願像那些女性一樣為了達到現有成就而犧牲一切。

傑咪懷第二胎滿八個月的時候，她忙著加班處理一項數十億美元的合併案，結果這個案子沒多久就害她失業了，這時她才開竅。她拿到資遣費，舉家搬回自己的家鄉，同時也一邊琢磨著下一步該怎麼走。

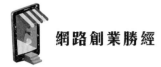

　　由於一直以來都待在傳統企業，她不懂在不替別人工作的情況下該怎麼賺錢。再加上第二個孩子也出生了，她一邊養家，一邊順著自己的內心去追求渴望的生涯，十分辛苦。但於此同時，她開始收客戶了，提供典型普遍的會計與財務諮詢服務。

　　她的客戶大多都是女性，而且與她們合作得愈久，就更能清楚看到這塊市場有一個缺口——她知道自己有能力來填補這個缺口。一般女性渴望向其他女性學習財務知識，可是財務諮詢業歷來都由男性主導。

　　為了因應這種情況，傑咪向社群媒體借力使力，開啟「女性企業主財務素養」臉書社團，開始每週進行直播。她藉由提供「獨立業主應避免的七個財務陷阱」誘餌磁鐵指南，引導社團中的女性成員加入她的電子郵件清單，結果只花一個半月，就吸引一千二百多名成員粉絲，有四百人加入電子郵件清單，她的客戶行程排得滿滿滿。

　　新冠肺炎疫情來襲時，傑咪幾乎天天都在社團進行直播，回答問題，深入探討經濟紓困支票和PPP紓困貸款（Paycheck Protection Program loans）這些讓人眼花撩亂的措施。追蹤人數增加了數千名，社團成員紛紛要求以線上支付平台Venmo來支付一些報酬給她，答謝她免費提供的各種建議。然而，她卻建置了一門名為「財務健全基礎知識」的速成課程，短短二週就創造六位數以上的收入。傑咪發現，只要善用社群媒體的力量，就有辦法開創自己的事業，不但可以養家，同時又可幫助成千上萬的女性。

你大概看過這樣的數據，全球有五〇％以上的人口使用社群媒體，每年將近有五億新用戶加入，而占美國最大的成年人口比例的千禧世代，則有九〇％的人每天與這些平台互動。

重點不僅僅在於互動的人數，更重要的是這些人逗留在這些平台上的「時間量」。人們「每天」在社群媒體上花二個多小時，換算下來大約占人生清醒時間的一成五到二成時間。如果你將所有用戶一天所花的時間相加起來，等於超過一百億個小時，相當於近一百二十萬年的時間[1]。光是一天而已！

社群媒體顯然提供了一個不可思議的機會，讓業主有能力對理想客群代表的生活產生影響。這種平台使你得以直接與受眾建立連結，比以往觸及到更多人，幫助你建立起二十年前不可能有機會存在的人際關係。此外，它所打造的途徑也有助於你吸引新客戶並發展品牌知名度。

透過搜尋功能、主題標籤、標註選項和社群分享，人們比以往更容易找到「你」和你提供的內容。儘管我堅信社群媒體永遠不該取代高品質的電子郵件清單，可是社群媒體基本上是助你「擴充」郵件清單最強大的資源，而你透過社群媒體所建立的人際連結則是替你辛苦的結晶宣傳並完成交付的絕佳利器，從幫助理想客群代表找到並點擊你的「訂閱」按鈕，到消費你一直以來所創作的有價值內容，全都拜這些連結所賜。

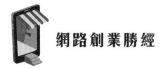

不過話說回來，在我們變得太執著於「社群媒體魔法」這條路徑之前，應該停下腳步去覺察事情的另一面。無可否認，社群媒體在某些地方確實令人驚嘆，但其他層面上卻十分失控，譬如浪費時間（你發生過多少次滑螢幕滑到渾然忘我的境界？）、比較病（我不知道你怎麼看，不過我每次滑完IG後對自己很難有好感），還有誤導（我不知道自己有多少次在臉書上看到有人那樣行動，結果就做了沒必要的事業轉向）。

以上還只是從創業面向來探討而已，如今的社群媒體牽涉到的問題更嚴重，包括網路霸凌、身體形象問題、焦慮、憂鬱和其他心理健康方面的難題。有時候社群媒體讓人覺得更像一種詛咒而非福氣。

有鑑於這些課題，初次開創事業的你，如何一邊利用社群媒體的優勢來發展事業，建立真誠的人際關係並創造收入，同時又能避開或不助長其中的負面影響呢？換句話說，你如何按照自己的心意使用社群媒體？

按照你的心意

我要老實說，多年來我對社群媒體的心情很掙扎。我不斷和別人比較，羨慕那些願意展現自己、搞笑，富有實驗精神又玩得開心的人，每當我嘗試這樣做時，總覺得勉強和彆扭。

不過我很清楚在社群媒體上互動活躍可以擴充受眾，強化我與社群的關係，最終激發更多影響力和銷量，所以我對自己做出承諾，要連續三十天在 IG 上發布內容，任何內容都行。我一直喜歡接受有益的挑戰，這似乎也是讓我的內在心態突破障礙的有趣做法，同時又能促進事業發展。

只有一個月而已，時間短到我找不到藉口退縮，但又長到足以迫使我走出舒適圈，也希望就此形成習慣（據說培養一個習慣要花上二十一天，對吧）。於是，我開始了個人的挑戰賽，創作內容來協助我的學生，設計一些希望能刺激互動的貼文，當然我家狗兒史考特的照片是一定要放進去的。

我不能算百分百達到了目標，因為偶爾我會跳過一天，不過持續且重複的行動和曝光就已經足夠。我變得可以更自在地展現自己，開始期待與粉絲互動，而且額外的好處是，我對什麼內容能激起受眾的共鳴——以及哪些做不到——看出了一些端倪。我的貼文沒能引起關注的日子，往往都是我又掉回那種討好別人的舊模式，害怕展現自己，擔心自己不被接受的時候。可是只要我做自己、用這種面貌現身，「我的人」就會給我迴響。（沒錯，多虧了史考特；我個人的專業級照片沒那麼受歡迎。）這是一個很有用的提醒，表示不是人人都喜歡我，但也沒關係。

最終，我們必須學習管理我們與社群媒體的關係，傾聽自己的直覺，並且忠於自我和我們的事業。意思是說，每個人的狀況各有不

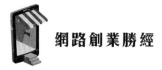

同，目標就在於找出你心目中的樣貌。

如果影片是你感興趣的方式，你就製作影片展現自己，或者貼出美麗的照片或鼓舞人心的語錄。你不必專精現在最潮的TikTok，也不需要去試驗YouTube的每一種內容趨勢，但我真心認為勇敢嘗試新事物是很重要的。

舉例來說，我的學生崔西利用臉書的生日功能向受眾發送特別針對個人製作的生日祝福。蘇菲亞用IG Reels與她的孩子們一起玩樂，也讓受眾一窺她的幕後生活。艾曼達採用貼切的主題標籤後，觀看率隨之成長。吉娜的做法則是透過私訊個別接觸潛在客戶。開始做實驗，找出適合你的做法！

提醒你，關鍵在於找到既能引起理想客群代表共鳴，又與你作為創業者的價值觀相符的甜蜜區。以我本身為例，我「太常」收到追蹤者的回饋意見，說希望看到我未經修飾的一面，也就是沒有化妝，穿著運動褲，毫不掩飾的我。雖然在別人眼裡我經營的或許是一種展現個性的事業，但我的產品仍然是「商業」產品，所以對我而言，穿著睡衣出現在Facebook Live感覺不專業且不符合品牌形象，那完全不是「我」。

真正的艾美看起來既專業又得體！我認為錄製一集播客，談談我事業發展過程中的痛點，也就是我如何對抗憂慮和焦慮，或是聊一聊自己長久以來對身體外表的心理掙扎，這才是真實自我的展現。儘管分享「真實」、「自然」，「原汁原味」的自己確實可以激起更多互

動，但你可以決定這些東西對你而言的定義。

　　對於該如何在社群媒體上展現自己，如果你需要更多靈感的話，不妨試試看挑戰自己，比方說承諾在你選擇的平台上（最好是你理想客群代表喜歡逗留的平台）連續三十天發布內容。或者嘗試別種做法，承諾至少每天都會「創作」一則可發布的內容，無論最後要不要發布。

　　我的社群媒體經理最近就向我提出了這個挑戰，我每天都得拍攝一張生活照，譬如坐在桌前工作、錄製播客、坐在外面喝咖啡、遛史考特、晚上和荷比去約會等等，然後發送給她。我們沒有馬上就貼出每一張照片，不過三十天後，我們就累積很多可以用在接下來幾個月的內容素材了。

　　你不需要組工作團隊來完成這種挑戰，只要努力拍照，開始說「七」就可以了！這樣做的目標是為了建立一種儀式，一種持續現身、露露臉並分享想法的習慣，讓你的社群可以更深入瞭解你的生活，你也會因此覺得自己是他們生活的一部分。

　　請切記，就算你堅持努力了三十天，未必表示你會突然之間像你最愛的網紅那樣爆紅。《紐約時報》評選的「全球最具影響力的美髮師」珍‧阿特金（Jen Atkin）在其著作《吹出我成功的顛峰》（*Blowing My Way to the Top*）中就講得十分貼切：「只要你朝著目標邁進，無論目標是什麼，別對達成目標所花的時間感到沮喪，每個人都需要一些時間，但大多數人並不會在社群媒體上貼文述說艱辛的過

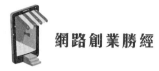

程，因為分享里程碑要比分享乏味的苦工有趣多了。」

我想提醒你，正如我們在第8章討論過的，別將自己的後端運作拿去和別人的前端表現比較。發布在社群媒體上的內容，往往是某人最美好時光中的某個精選片段，那已經是「成品」，換句話說，你看不到他們一開始做了幾小時、幾週，甚至幾「年」的苦工才有這樣的成果。成功不會在一夜之間發生，雖然網路或許讓事情看起來像是如此。社群媒體會在我們所有人心中製造出一種虛假的急迫感，但那是「虛假」的。只要繼續前進，堅守承諾，你的努力終將有所回報。

與其跟別人比較，我建議不如利用滑社群媒體的機會做一番偵察，下點功夫去研究一下你愛到不行的社群媒體網站、你追蹤的帳號、你信任的品牌和人物。

♣ 你認為這些帳號如此令人著迷的原因是什麼？

♣ 具體來說，你喜歡哪個部分？

♣ 他們是精美型的風格還是比較不拘小節和隨意呢？

♣ 他們透露很多「幕後花絮」的內容嗎？

♣ 他們講述的是客戶的故事，還是分享本人的私生活？

♣ 他們提供你可以購買的服務或產品，還是分享免費資訊呢？

♣ 你的社群媒體策略可以仿效他們的哪些溝通方式？

♣ 哪些策略似乎很有效，你會如何將他們整合到自己的事業中？

就跟處理電子郵件清單一樣，我希望你在這個部分重視的是品質而非數量。社群媒體的品質標準取決於「互動率」，這表示你要網羅的是想得到你提供內容的追蹤者，而這些受眾會對你的貼文按讚、分享和留言來讓你知道他們感興趣。

換句話說，讓一百萬隨機的人點擊「追蹤」按鈕並不是你的目標。如果這些追蹤者不是你的理想客群代表，那麼他們之後可能也不會再跟你互動。寧可與少數人建立直接和終身的關係，勝過擁有一百萬只是過客的追蹤者。

培養這種更深層關係的做法，就是直接和那些與你互動的人互動，比方說回覆他們的留言，把他們的問題轉化成日後貼文的素材，並激發對話。對你的事業而言，與一位客戶建立長久關係的價值大於得到一萬名對你視而不見的追蹤者。從花心思關注一小群忠誠的受眾著手，你的影響力就會隨著時間增長，而實現這一點最有用的方法是什麼呢？那就是掙脫我們的不安全感，真誠且堅定地展現自己。

打造你的內容主軸

「定期持續」對經營社群媒體來說很關鍵，就跟你和受眾溝通時講求的一樣。不過我知道你接下來應該會想問，**我怎麼知道要發布什麼內容，應該多久發布一次呢？**

　　我來分享一下我的事業所使用的策略，它不但讓我做事條理分明，而且還能保持內容的發想源源不絕。你的表現應該讓觀眾覺得可以信賴你，風雨都阻止不了你現身在他們面前。正如著名的演講家暨推銷員金克拉（Zig Ziglar）所言：「人們喜歡你，就會聽你說話；但如果信任你，就會和你做生意。」

　　我強烈建議你以每週至少發布三～五次為目標，若是能每天發布的話更理想，就從你能夠堅持且持續做下去的地方著手。隨著你不間斷發布內容、互動率逐漸提升，你一定會開始樂在其中，接著便會自然而然想增加發布的頻率。

　　至於該發布「什麼內容」，我建議先建立一套內容主軸。內容主軸是指定期每週發布的內容特定分類，以下提供我的典型社群媒體計畫作為範例：

・週一：IG Reel（短影片）
・週二：資訊圖表
・週三：生活風格或個人點滴（任何形式）
・週四：宣傳我的長篇播客集數（每週四發布）
・週五：語錄圖文
・週六和週日：個人點滴（任何形式）

　　通常我每週的長篇播客集數的主題，都會推動其他日常內容的互動主題，譬如我的第388集的播客《成功創業者幕後生活習慣一瞥》

上線的當週，每日的社群內容主題如下：

· 週日：附上史考特影片的貼文（我先前說過，我的受眾很喜歡可愛
　的小狗影像！）

· 週一：IG Reel 短影片，展現所謂真正自由的生活是什麼模樣，以及
　習慣為什麼有助於你實現這種生活。

· 週二：早晨例行活動準則的資訊圖表

· 週三：IG Story，講述我信奉的六個日常習慣

· 週四：介紹各集播客的貼文和 IG Story

· 週五：直接從各集播客內容擷取的語錄圖文

· 週六：呼籲每天採取小行動的語錄貼文

　　正如你所看到的，有時候主軸是我當日決定要發布的內容「格式」
（影片、語錄圖、資訊圖表），有時候則點出要發布內容的「主題」
（上述範例的主題就是習慣養成）。聽著，當你看到我發布的內容量這
麼大而感到驚訝時，請別忘了，**我已經做這些內容很多年了**。我的事
業很早就推出，也發展了十多年，而且又有一個搭配的團隊，這表示
我在內容創作和發布方面得到很多支援。

　　我初次創業時就發布這麼多內容嗎？當然沒有！我希望你「今天」
就有這樣的時間和技能發布這種一週內容嗎？不是的，我完全沒有這
個意思。

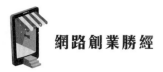

　　我希望的是你至少選擇二～三天，承諾分享特定主軸，然後堅持執行一整個月。你可以做任何一件事持續一個月，對吧？另外，這個起點可以促使你充分瞭解自己喜歡發布什麼內容、你再也不想發布什麼內容，以及你的受眾想從你那裡聽到什麼資訊。我向你保證，這一定會是非常有用的學習經驗！

　　那麼就讓我們開始吧！從下列表格中挑選二～三個主軸（不妨試著從「格式」欄和「主題」欄各挑選一個主軸加以組合），並在你的行事曆中安排接下來一個月的發布日期。接著排定一個三十分鐘的批次規劃作業時段來制定你想分享的主題，以及批次處理內容的時間。安排好這些任務，將其化為現實，你會驚訝地發現竟然可以如此迅速找到你在社群媒體上的步調。

格式	主題
短影片	宣傳你的每週內容
短影音	當週或當日的目標
資訊圖表	當週或當日最大的重點
影像或照片	發人深省的語錄
問答或互動問題	靈感來源
部落格文章	幕後花絮
以文字為主的圖像	最喜歡的項目 （書籍、產品、品牌，其他社群媒體帳號等等）

自動化內容

　　當初我開始在社群媒體發布內容時，花了很大功夫在每一個平台上操作「發布」的流程。我對每張照片、每個標題費盡思量，為的就是要讓這些圖文呈現起來比真正的我「更美好」。我也以為我追蹤的每一個網紅一定天天都掛在IG上，因為他們發布內容的頻率實在很高。我並不知道這其實是有祕訣的，我現在就要正式為你揭曉這個祕訣！

　　如今沒有人會每天手動發文多次，就連每週多次也沒有。你追蹤和喜愛的那些帳號都是利用排程軟體，這種軟體能讓你上傳內容並自動按照你選擇的時間表發布。這表示你可以一週一次進行批次處理、創作和上傳你的貼文（或如果你是超級有組織的人，一個月只做一次也行），不必天天都花時間上傳內容。

　　很多社群媒體管理平台具有提前排程社群內容的功能，你可以造訪 www.twoweeksnoticebook.com/resources，這裡列出了一些我目前最喜歡的平台完整介紹。免費平台通常都會提供可以處理日常排程任務的計畫，並允許你在同一個地方管理所有社群媒體帳號的活動。（雖然我的建議是剛開始最好只用一個社群平台，不過我希望等你準備好時能隨時擴展到多個社群網站。）

　　當你找到適合你的節奏或也許擁有自己團隊的時候，你可能會想升級使用付費服務，這種服務提供比較多更高階的選項，譬如容許多

名用戶和針對貼文表現提出報告,以便你查看哪些內容著有成效、哪些效果不佳。無論你使用免費還是付費服務,請務必找到管理工具,助你提前排程和支援你定期持續在多個平台上活動,最終才能讓你事半功倍、更加輕鬆。

選擇你的平台

現在,我希望你仔細挑選一個最適合你事業的平台。隨著事業的成長,你日後會有能力把內容重複運用在各個平台上。為了找到最適合你事業的平台,我整理一份各大平台的概覽,以及該平台上應該發布哪種內容的建議。

	使用族群	內容類型
臉書	年齡稍高(主要介於 25～55 歲 之 間)。這是一個以你的「獨特之處」或協作社團環境為中心的網路社群。	適合在臉書上進行直播以及諸如投票和推薦請求等互動內容。內容愈吸引人、互動性愈強,效果就會愈好。

	使用族群	內容類型
IG	年齡稍輕（主要介於 18〜34歲之間）。風格較為輕鬆、個人色彩較濃。	以令人驚豔的視覺圖像和設計為主，同時支援影片（包括短片和長片）。
LinkedIn	屬於「職業」領域，用戶包括其他的業主在內。	在此平台上創作原創內容有助於建立你的權威。你可以發布長篇內容，譬如部落格文章、原生內容（就在此網站上撰寫，而不是連結到外部網站），以及前十名清單。
Pinterest	成年女性。	在此平台上創作內容的目的是推動流量到你的網站，因為這裡沒有按讚和留言的功能。你可以分享動人的產品照片，有關你專業領域的資訊圖表，或針對每週內容製作充滿設計感的預告。
YouTube	包含各年齡層和性別身分。	長短型影片皆宜，包括教學內容、教程、產品評論、「最佳」人事物的名單、問答、訪談等各種類型的內容。由於YouTube是頂尖的網路搜尋引擎之一，因此很適合製作有助於SEO的內容。
Twitter	25〜50歲的成年男性。	此平台的內容以短篇的文本為主，包括新聞動態、趨勢資訊，以及指向文章和影片等長篇內容的連結。

	使用族群	內容類型
TikTok	主要集中在年輕族群（10～34歲），但較年長的受眾也逐漸增長（35～54歲）。	此平台創作的內容以時尚有趣的短片為主，長度最多三分鐘，搭配使用濾鏡、音樂和螢幕圖像講述動人的故事，令人覺得歡快、好玩。

現在，花一點時間回顧一下你在第5章找出的理想客群代表：

🔒 你的理想客群代表都在線上的哪些平台活動？

🔒 你的理想客群代表是否有任何具體族群特徵更適合某個平台？

🔒 你使用社群媒體的主要目標為何？換句話說，你的目的是想提升品牌知名度，與受眾建立關係和互動，驅動流量到你的網站，還是增強自己身為專家的權威性等等？

🔒 什麼類型的內容最能發揮你的優勢？你拍直播影片的時候表現自然嗎？你是出色的寫手嗎？你對畫面美感有敏銳的眼光嗎？

根據上述問題的答案挑選與你最契合的平台。如果尚未有帳號，請先建一個。然後你可以規劃每週二～三個內容主軸，概述一下接

下來數週你的內容發布走向。或者，你若是像我一樣有些猶豫不決的話，不妨讓自己做個挑戰活動，這可以稍微鞭策你走出舒適圈，但又仍然可以實現目標。

另外請切記，務必隨時考量你的理想客群代表、忠於自己，並且相信自己的直覺。創業自己當老闆的意義就在於，你可以自由自在按照自己的心意做事，這當然也包括了你如何處理社群媒體。

我在這十章的篇幅裡，傾囊相授了讓事業起步所需的步驟，接下來就是開始探討善用三種創造收入的策略，真正靠事業賺錢的時候了。

賺錢去

⇨ 創造收入的三大策略

我喜歡動人的背景故事，即便它讓人覺得有點尷尬，所以我們現在先回頭看看我剛開始推出的一個產品。那是我創業初期的事情，當時沒有人按部就班指導我，於是我便用試錯的方式自行摸索；但坦白說，碰到的多半都是「錯誤」。

關於如何推出產品，我當時把網路上聽來的方法全都用上了。我僱用別人來幫我建置銷售頁面，提前編寫所有的電子郵件，也排好社群內容的發布時間表。我期待的是一場重磅推出，替我賺進大把鈔票。我拋開穩定的職業，花了數千美元，為了這一刻努力不懈。

結果到頭來，我只賺到二百六十七塊美金。搞什麼！

在落落長的錯誤當中，最顯著的就是課程本身的主題。對於應該選擇傳授何種課程，網路上各式各樣的建言搞得我暈頭轉向。我知道最好選跟社群媒體有關的主題，因為用得上我當時的專業，但我又聽說應該選焦點更集中的主題，鎖定非常特定的目標客群。事情已經火燒屁股了，我十分恐慌，有人在這時建議我傳授如何用社群媒體出書

的技巧，我頓時如釋重負，因為我終於有主題了，當下我就採納了這個建議──那種情況下其實來什麼主題我都接受。

唯一的問題是，我自己不曾有過出書的經驗，更不用說教別人如何出書了。（雖然我堅信，你不必是經過認證的專家才能為受眾提供價值，只需要具備我們在第4章提到的一○％的優勢即可，但如果你要教授某種領域的知識，那麼有一點該領域的經驗確實會有所幫助！）

第二顯著的錯誤就是，我沒有下功夫去做我在第7和第8章提到的每一種行動。我在推出產品之前，並沒有花心思和時間經營高互動的受眾，也沒有定期與我少量的訂閱者溝通交流，為這門課程做好準備。換個方式講，我竟然要求一群對我所知甚少的人把錢交給我，卻沒有先向他們證明我懂我的專業。回顧過去，我還真納悶當初是怎麼賺到那二百六十七塊美金！

我覺得自己是有史以來最失敗的人，所以想當然耳，我自憐自艾起來。我躺在床上，想到面對現實就感到羞愧。我穿著破舊的黑色睡袍，精神渙散地在家裡晃來晃去好幾天。我感覺自己打造的一切都我在周圍支離破碎。

承認這一點對我來說並不容易，因為我很想說我有能力靠自己快速復原，但實際上我卻動用了二個外部力量才重新振作。第一個就是荷比，他總是我最強大的啦啦隊，另一方面大概也是怕我永遠不肯脫掉那件黑睡袍的關係，他用最鼓舞人心的方式對我說：「起來，穿好衣服，繼續加油。」

聽到這些話，我從迷茫中清醒過來。我意識到我把產品推出失敗歸類爲「我是個失敗者」。我讓一個未能順利按照計畫走的方案，決定了自己作爲創業者的全部價值，然後就此判定自己根本不適合創業。與其把心思放我在哪裡出錯，我反而應該弄清楚自己到底想要什麼：我教什麼主題可以發揮成效？什麼計畫可以點燃我的熱情？還有接下來採取什麼行動最理想？

我不需要追求完美，而是應該追求進展。聽到荷比鼓勵我的話，讓我想起我創業是要放長線釣大魚的。我知道我不會再回去別人手下工作，也知道我一定得繼續相信自己和自己的能力才行。

第二個醒悟是在幾天後出現，當時我總算把自己拖去參加我的一個商業智囊團，一副心靈受創的模樣出現在大家面前。我把產品推出失敗看得很嚴重，也把那種態度和情緒帶到團體裡。我哭到幾乎說不出話，也完全不與大家互動。這個智囊團裡都是在創業之路上似乎超前我許多的女性，現在我又因爲推出失利，都不好意思直視她們的眼睛。

但幸運的是，小組裡有一位已經成爲我導師的女性把我拉到一旁。

「我知道你很難過，但你必須重新投入，」她對我說：「你應該要問自己，『我學到了什麼？下次我可以有什麼不同的做法？』。」

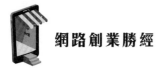

相信我，這些話聽在耳裡很難受，但這是我第二個醒悟。我第一次經歷這麼大的失敗，當然肯定也不會是最後一次，總不能每次事情不順利就發瘋，這樣的話我大概這輩子都脫不掉那件黑袍子了。因為這就是重點了：當你一直陷在挫敗的心態中，你的事業也會受到影響。當然，失敗會打擊你的自尊心，可是自尊心不是推動事業向前的力量，重新振作起來並從經驗中吸取教訓，才是推動事業繼續邁進的動力。

我為什麼要說這個難堪的故事呢？因為本章要闡述的就是身為創業者的你，必須挺身而上。如果你要做對方法，就要去嘗試很多事情，有些會成功……但其他呢？這個嘛，有些真的成功不了。假如每一次事業失利你都認為那表示你是失敗者，那麼恐怕你還沒開始就結束了。

你剛開始的時候，應該先「預期」會遭遇困難，這是旅程的一部分。你會虧錢，你會推出失敗的產品，你花了很多時間打造的內容達不到效果，這些都是創業必經的過程，並不表示你本質上有什麼問題或你不適合創業。這也並非意味著，你不能創造一種能滿足你又同時可以對這個世界發揮影響力的生活和事業；這只是意味著你是凡人。

這段過程未必容易適應，但親身經歷過的我可以向你保證，隨著時間過去會變得愈來愈容易。所以，以下是我給你的精神喊話：失敗是暫時的。唯有如此你才會知道下一次要改善什麼。你必須振作起來，找出失敗的教訓並從中學習，然後制定計畫再試一次。如果你現

在就能接受失敗，之後便會更容易適應這個過程。

我從那次失敗的產品推出經驗學到的終極教訓是，我真的可以在線上賺到錢，雖然遠低於我原本的期望，可是一旦學會如何賺到一百塊美金，你就能賺到一千塊美金；能賺到一千塊美金，就能賺到十萬塊美金。這條路肯定很混亂又錯誤百出，但我敢打包票，這是值得的。

即使你已經朝著做自己的老闆這個目標走了很遠，我認為還是應該停下來片刻，決心或重新下定決心貫徹這個決定。

你若不是渴望做自己的老闆，自行安排工作時間，突破財務天花板，對他人的生活發揮影響，並且按照你的想法開創事業，就不會走到現在。如今，你來到關鍵時刻，即將做出任何創業者都要做的一個最重要的決定：你準備為這個世界帶來什麼樣的產品？我雖然相信每個人都有適合自己的商業模式，但事實上，只有在你堅守著自己本來就該擁有的生活和事業的情況下，我要分享的策略才會奏效。

我一次又一次看到我的學生猶豫不決、搖搖擺擺，任由恐懼阻礙他們毅然投入，這種現象就反映在他們的事業裡。他們無法確切掌握理想客群代表的需求，也無法定期且持續地在客群面前現身。他們的電子郵件清單停滯不前，在各種管道上的互動也漸漸減少，害怕失敗的心理導致他們不再嘗試新事物。他們感到沮喪，陷入一種冒牌症候群和比較病自我實現的惡性循環；這樣的事業始終不見起色。

從另一方面來看，如果你決心轉變，讓心中的渴望超越充滿侷限的想法，那麼未來是無限可能的。我每天都看到學生走著你眼下所歷

經的旅程，起初他們往往有些躊躇，不確定自己是否真能做到。剛出發的時候出現太多的未知，也難怪情況會有點不穩。不過那些堅持下去度過難關、把失敗視為教訓並不斷向前邁進的人，終究都能靠事業創造足夠的收入，過上他們嚮往的生活。

當你心中有迫切的渴望，奇蹟就會發生，我也希望這可以在你身上實現。所以就讓我們開始吧！我們來找出你的產品或服務，一起賺錢吧！

有效的商業模式

收入是任何事業的生命之源，但要破解如何靠著做你所愛來賺錢，似乎是個不可能的任務。有鑑於此，我接下來要介紹三種經過驗證可靠的營收策略，可以讓你的事業開始賺錢。看過這三個策略之後，請從最能引起你共鳴的做法著手吧！

就像誘餌磁鐵和社群媒體平台一樣，你不必一次做三種。（你有沒有發現這是同一個概念？）事實上，我鼓勵你先從其中一種商業模式開始，再視意願進一步擴展。請記住，這些策略只是起點，你應該根據自身情況、你的事業和目標客群加以自訂，才能適用於你。不過我希望你努力嘗試其中一種，而且要全力以赴。

話不多說，以下是我推薦給初次創業者的三個最佳策略。

⑤ 營收策略之一：教練指導或諮詢服務

我希望你考慮的第一個用來賺錢的策略是，以你擁有一○％優勢的領域爲本，提供諮詢服務、一對一指導或團體教練指導。如果你有特定專業知識，又具備或輕易就能打造一個可以把知識教導給別人的系統的話，這個策略十分適合你。

我在線上看到許多創業者靠教導他人專業知識的成功例子，以下列舉一些教導主題，可激發你的想法：

- 犬隻訓練
- 居家整理術
- 重燃婚姻的愛火
- 食物備料
- 有機園藝
- 冥想
- 化妝技巧與訣竅
- 網頁設計
- 寫手帳
- 家具製作
- 葡萄酒搭配

- 刺繡
- 旅遊業業主的行銷術
- 婚禮策劃
- 信用修復
- 房地產
- 各產業的專業外語
- 可賺錢的部落格
- 紀錄孩子的里程碑
- 利用社群媒體出書（務必確認你真的有這個經驗！）

以上清單只是蜻蜓點水，可以作爲教學主題的東西太多了。

那麼，如何利用這些知識賺錢呢？你可以提供僅限面對面或線上形式的諮詢服務、一對一教練或團體教練指導。諮詢指的是利用你在專業領域上的知識為客戶（客戶可以是公司或個人）提供諮詢或指引。一對一教練是指直接與某人合作，指導他們你所擁有的特定技能。團體教練則是一次指導多人。

每種做法都有其優缺點。藉由提供諮詢服務和一對一教練指導，你可以給予客戶或學生更集中的時間，因此能收取更高費用，但指導和諮詢的人數有限，畢竟一天的時間就這麼多而已。至於團體教練，則可以在同等時間內觸及更多人，可是向每位參與者收取的費用通常較低，因為指導的體驗不像一對一那樣私密且深入。

無論你選擇諮詢或教練指導，都應該在和新學生會面前將你的內容整理成按部就班的流程（你可以參考第4章的「便利貼派對」練習來執行）。這些內容基本上應以你要合作的客戶與學生及其個別情況為準，所以最好能靈活運用，根據客戶或團體的需求來量身打造你的做法。於此同時，客戶花了錢就是希望你能清晰且有效地傳授知識，因此請務必將你的思路整理得有條有理，並準備好一套教學系統。

如果你尚未有現成的教學系統可用呢？沒關係，花一些時間回想當初學習這項技能的過程，把你當時獲取這些即將在教練指導或諮詢服務中教導的知識、所採取的每個步驟，都寫下來。現在還不需要整理好所有的資訊，只要將內容寫下來即可。不妨把它視為課程大綱，你會分次推進補充。

　　另外，除了理論知識，也別忘了加入實作練習！是否有什麼技巧、實務做法、習慣或工具對你的學習過程有所幫助？任何有利於客戶或學生將所學到的東西應用到自己的生活和事業中的東西，都應該包含在內，譬如你本身的成功故事以及你合作過的其他學生、客戶或顧客的故事等等。

　　舉例來說，假設你想幫助小企業主建立一套可以追蹤和評量數據的系統，那麼你的第一步應該是講述你創立小事業的心路歷程，以及這份事業在尚未有追蹤系統時的狀況，又後來備妥系統之後，情況有何改善等等。接著再請他們回答一系列問題確認一些資訊，協助判定他們的事業應該評量哪些指標。後續的步驟可能是幫助他們建置記分卡或儀表板，把最重要的指標納入其中，再一併提供你最愛的軟體選項。然後，你可以提供一個能根據他們抓出的數據做出明智決定的流程。又或許你對於重新審視數據的頻率有具體建議，譬如數據轉壞時就該重新檢視的時機。

　　這個階段不必把各個步驟都做到盡善盡美，只需在紙上寫下粗略的框架即可，以後還可以花時間編輯和精修流程。

　　腦力激盪所有促成轉變的步驟之後，按照實現這種轉變應有的特定順序來加以排列。你會發現有些步驟最好互換，或是應該在流程的各環節之間增加幾個小步驟，又或者你發現自己忘了加入某個有助於客戶或學生更容易理解關鍵概念的故事。不過請記住，這些素材會隨著你傳授多次而變得愈來愈精煉。

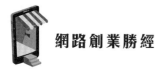
　　因為你的客戶會告訴你哪些部分有效，哪些無用，還有如何可以修改得更好。所以我一定要鼓勵你，別把客戶的回饋意見當作失敗，而是將之視為有人付錢給你學到重要情報，讓你往後指導的客戶都能受惠。

💲 營收策略之二：服務型工作

　　第二種策略是將你的「獨特之處」應用於現實生活，為客戶提供他們真正需要的服務。比方說你懂如何擬定符合個人需求的預算，就可以採一對一的方式為夫妻客製財務計畫。如果你製作的美味早餐罐，成了其他媽媽們送孩子去幼兒園時談論的話題，你可以為學校的孩子們提供現成的罐裝早餐。又或者你有時尚造型的經驗，不妨提供到府衣櫥諮詢服務。

　　再舉一個例子，你可以像我的朋友丹妮卡·布萊夏（Danika Brysha）一樣，提供可即食、潔淨且用本地食材製成的餐點。丹妮卡住在紐約市一個小公寓時，開啟了她的自我照護旅程，當時她是一名大尺碼模特兒。她執行幾個月健康的新生活方式，身心覺得十分舒暢，然而由於體重減輕，漸漸地，模特兒工作不再上門。於是，她創立Model Meals這個品牌，向朋友推廣她一直在製作的餐點。最後她搬回南加州，和二位商業夥伴重新推出公司，為成千上萬的民眾提供即食有機餐點。她把自己的技能轉化為服務，供應給想達到跟她一樣成果的人們。

相較於指導他人如何自己做某件事，服務型的事業則是代客完成。服務型事業通常需要額外考量其他事物，譬如花錢進貨（比方說，如果你製作早餐罐，那麼你需要準備容器和放入罐中的食材），或者是制定多種方案來滿足不同客戶的需求（也許你可以針對個人客戶和家庭客戶，分別提供符合各自需求的預算方案）。

另外，如果你已經在思考長遠的發展——恭喜你，這是眞正老闆的象徵——請務必留意服務型事業會比較難擴大規模或拓展，畢竟你只有一個人，一天能用來提供產品或服務的時間也有限。不過這並不表示你終究沒辦法做得更大，只是你可能需要更多資源才能實現。

⑤ 賺錢策略之三：推出工作坊課程

第三種是我個人最喜歡的策略，即推出線上課程，這是我的謀生之道。事實上，我有一個完整的數位課程，教學生如何建立和宣傳自己的數位課程。（我知道……這感覺很像畫中畫。）

數位課程有各種形式和規模，有些內容比較長且更詳盡，有些較短並專注於達成單一目標。如果你才剛起步，我建議從後者著手，這種形式我稱爲「工作坊課程」。

這是一種簡短（通常一小時）的培訓課程，以直播方式提供，用來解決一直困擾受眾的問題，填補他們當前處境的鴻溝（正面臨的困境或挑戰，或有未實現的渴望），達到自己想要的目標。比方說你教授刺繡，而初學的學生苦於連一件作品都完成不了，所以他們會很樂

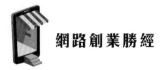

意付錢學習基本知識，從如何穿針、轉印設計花樣，以及學習一些基本的針法等開始著手。又或許你是專門服務父母的寶寶睡眠訓練師，那麼你可以推出一個新生兒工作坊，教導父母把小寶寶從醫院帶回家的第一晚起，就爲健康的睡眠習慣打下基礎。

直播工作坊課程之所以是踏入線上事業場域的絕佳途徑，有三個原因。首先，它讓你和受眾都能快速致勝，不只幫助受眾快速達到期望的成果，而且也創造了一個可以持續產生現金流的資產。你可以從建立和推出這種線上產品的過程中瞭解自己所長——具體來說，就是你「有能力」在線上賺錢。由於工作坊課程的收費通常不到一百塊美金，對於受眾而言，冒險在你身上碰碰運氣的門檻不會過高。

我喜歡工作坊課程的第二個原因是，它是很棒的「小步驟」。你努力推出產品，藉此獲得新的付費客戶，這段過程讓你得以一邊測試數位課程的水溫，持續擴充郵件清單，同時又能賺一點錢，這些全都是爲了日後進行更大規模的推出做好準備。

在各種類型的數位課程中，工作坊課程也是最容易準備的，也就是說，如果待辦的事項已經開始讓你感到壓力重重，這種課程不會增加太多負擔。它不需要大規模的行銷宣傳活動，而且有別於完整數位課程的是，這種訓練課程很簡短，需要創作的內容也比較少。

最後，工作坊課程是一種極其有效的做法，可以讓電子郵件訂閱者有機會嘗試你的方案，進而將他們轉換爲狂熱客戶。他們很快就會回頭找你，看你能否協助他們，接著投入更多金錢來使用你的服務。

由於建立線上課程是我的熱情所在，也是我首選的策略，因此我會在下一章詳細介紹整個流程，請繼續關注！不過如果你現在已經確定想從策略之一（教練指導或諮詢）或策略之二（服務）著手，那麼我會引導你完成「方案定價」和「公開方案」這二個重要步驟，來推動你的產品或服務。

方案定價

無論你想要提供諮詢或教練指導或者是服務型工作，定價最好盡量簡單。首先，你應該針對你的方案研究一下市場的價格，調查你所在產業的其他人如何收費，到谷歌搜尋當地社區的類似服務，或者問問你的理想客群代表，他們覺得類似你這樣的產品或服務應該收費多少。

有了一個公道的基準之後，就能使用簡單的公式來決定定價。我先介紹幾個需要輸入公式中的變數，不過你可以自行調整，找出最適合你的價格。

首先，你需要為自己設定一個合理的月收入目標。從這裡著手似乎有點違反常理，不過你創業的目標最終就是為了設計自己想過的生活，對吧？那麼我們來設計會讓你興奮的東西吧！也許你目前從副業做起，想等賺到足夠的錢之後去度假或還貸款。又或者你希望的是快

速賺到兼職薪水,且最後可以拿到全職待遇。無論是哪一種方向都很好,不過現在只需將你期待每個月賺多少錢的數字寫下來即可。

知道了自己的收入目標之後,接著決定你要提供哪種類型的方案。你想為一整家公司提供諮詢,還是一次指導一人,或收五名學生進行團體指導,又或者提供一項服務?根據選擇的方案,你可以計算一下,判斷你應該瞄準多少客戶,以及每個客戶的價格點,才能達到你先前設定的收入目標。

我提供以下二個參考範例:

💲 範例一

假設你有一份全職工作,現在想要開始兼差,目標是等你的事業正常運作後就離開朝九晚五的工作。你決定和忙碌的媽媽們合作,為她們的幼兒客製膳食計畫。你設計了一份簡單的調查表請家長填寫,這樣有助於你在制定計畫時更為順暢。每位客戶每週大約花你一小時的時間,你可以同時為五名客戶提供此服務。

你才剛起步,設定的月收入目標是一千五百塊美金,接著再用下列公式決定每一份膳食計畫應該收取多少費用:

$$5\text{份計畫/每週} \times 4\text{週/每月} \times \boxed{X\text{美金/每份}} = 1{,}500\text{美金/每月}$$

從這個範例就可算出,每份客製的膳食計畫應收費七十五塊美金才能達成收入目標。假如你覺得這個數字太多或太少,可以調整數字

來修改定價。

說不定你檢查行程表後發現，你可以找出時間每週做七至八份計畫，那麼每份計畫只需收費五十塊美金即可達到目標。另一方面，你也許認為現在才剛起步，收入並不是首要任務，最重要的是用卓越服務和漂亮的價格讓這些早期的客戶滿意。因此，你可能決定將月收入目標調降到一千元美金，這表示你可以堅持只服務五名客戶，而且還是可以每週只收他們五十元美金。

💲 範例二

假設現在你想在工作之餘做兼職，以便開始為小企業提供公關策略方面的諮詢服務。已經有客戶感興趣，所以你知道自己每週可以提供二十小時的服務，同時你也很清楚，月收入應該要有八千塊美金，才能繳稅和應付業務開支。

請使用下列公式計算每小時應向客戶收取多少費用：

$$20_{\text{小時/每週}} \times 4_{\text{週/每月}} \times \boxed{X_{\text{美金/小時}}} = 8{,}000_{\text{美金/每月}}$$

在這個範例中，為了達到收入目標，你應該向客戶收費每小時一百塊美金。不過也許你對目標客群有充分的瞭解，所以知道他們樂意支付每小時一百五十塊美金的服務費。在這種情況下，你可以將工作時間減少到每週十四小時，仍然能賺到八千美元，不必做到二十個小時。或者，你也可以將收入目標提高到一萬二千美元。

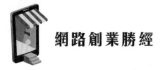

定價方式沒有絕對的對或錯，不妨嘗試不同的做法，找出哪一種定價方式對於你本身、你的目標、受眾以及你所提供的服務或轉變而言，效果最為理想。不過請務必記住，即便你定了一個價格，也不必永遠固守這個價位。

像我的每一個方案幾乎都更改過定價，有時候是因為修改了方案本身，有時候則是增加價值或改變交付方式，無論如何，沒有什麼是一成不變的。不必猶豫，就從某個價位開始，之後再慢慢修正即可。

公開方案

等你確定要提供的方案及定價後，就準備好發布消息了。幸運的是，現在有網路支援你。你可以從社群媒體平台開始著手，譬如運用你在第10章挑選的平台公開方案，或是任何你已經開始累積粉絲的地方。另外，既然你已經成功建置了電子郵件清單，就應該發送郵件給訂閱者，即便目前這個階段清單上只有你的朋友和家人也沒關係。別忘了請他們把你提供的好機會跟任何可能有興趣的人分享，因為推薦和口碑一向是最棒的行銷方式。

不知道該怎麼宣告？讓我來提供一個填空的範本，向你演示在IG
上可以發布什麼內容（附上一張吸睛的照片）：

謎語大挑戰！好膽你就來……（解開謎底可以得10分）

什麼東西能〔插入描述你產品或服務的形容詞或短語〕、〔插入
描述你產品或服務的形容詞或短語〕和〔插入描述你產品或服
務的形容詞或短語〕？

猜到了嗎？謎底就是……〔說明產品或服務，列舉理想客群代
表和你合作時會體驗到的一些強大好處　激發他們的好奇和興
奮！〕

實際上我……〔說明你如何實現上述答案，以及你有資格教導這
門學問或提供這項服務的理由〕。所以現在，我想分享我成功
〔插入你的方案會達成的轉變或目標〕的祕訣，但僅限少數人。

想加入嗎？

我有〔開放名額的數量〕個由我親自〔一對一教練指導／團體
培訓／諮詢／服務〕的名額。

進行過程中，你會學到〔列舉一些他們會學到的東西〕，並因此
體驗到〔列舉他們會經歷的轉變〕。

你應該〔他們無庸置疑應該註冊的原因〕。

如果你準備好〔列舉另一個轉變或他們即將克服的痛點〕，請私
訊我取得詳細資訊。名額即將額滿，別再猶豫。我們私訊見！

　　想知道是否能自由創作你自己的貼文？我幫你準備好了！（請見附錄第 11 章 P.297）附錄提供填好空格的社群媒體貼文樣本，還有一個可以填空的電子郵件公告，可供你參考。

研究營收模式

　　你努力耕耘到現在，從確認自己的市場、找到目標受眾、建置網站、創作內容、擴充電子郵件清單，到發展你的社群版圖，現在是選擇營收模式的時候了。你打算提供教練指導還是諮詢？又或者你準備提供服務？還是你會嘗試我個人最愛的建立工作坊課程？

儘管從哪一種著手都可以，日後也有機會試驗所有策略，不過重點在於選好一種後開始進行。先做一些功課是最好的起點，造訪你最愛的社群媒體帳號（甚至可以多瀏覽幾個平台），挑選二十家你追蹤的企業或創業人士，然後實際列出一張清單，不管用 Google 文件、筆記本或手機的筆記 App 皆可，再針對各個企業回答下列問題：

♣ 他們賣什麼東西？是數位課程嗎？會員制？教練計畫？服務？實體產品？書？

♣ 他們是否提供多種產品？

♣ 他們是個人品牌、企業品牌還是網紅品牌？舉例來說，艾美・波特菲爾德公司是個人品牌、Spanx為企業品牌，卡戴珊家族（Kardashians）則是網紅品牌。

♣ 他們是否與其他人結盟或合作——也就是說，他們是否為其他企業宣傳產品或服務？比方說，你最愛的美妝部落客分享他們使用的晨間護膚品，或是你經常收聽的一位播客主持人定期宣傳新書。

　　有了完整的答案清單之後，花十五分鐘評估剛收集到的資訊。拿一支螢光筆，把你覺得最有共鳴的商業模式標出來。你在清單上看到哪些項目，諮詢、個別教練、團體教練、服務或線上課程？你在探查這些帳號時，會被那些模式吸引？

　　請切記，我們這樣做的目標，並不是在追求創業之路一路順暢，事實上，不可避免的波折是學習過程十分重要的一部分。千萬別以為你追蹤的這一家企業擁有社群媒體版圖，就理所當然表示他們的模式一定有利可圖。除非你深入這個企業，才會知道某人有多成功，或者「他們」正在經歷哪些波折。

　　你應當保持專注，善用一路所學到的教訓讓自己茁壯成長，這才是重點。如果你能這樣做的話，你和你的事業就會因此而變得愈來愈強韌，超乎你的想像。

　　上述任何模式都能啟動你的事業，開始創造收入——這是值得慶祝的大里程碑！——所以你不會走錯路。如果線上課程或工作坊勾起你的興趣，那我們來探索看看，推出一個賺錢資產所需的確切步驟，還有之後會出現什麼可能性！

推出可獲利的資產

⇨ 創立工作坊課程的五步驟流程

蘿倫是成功的個人造型師，等著請她幫忙打理專業衣櫥的客戶有一長串，不過這也表示她平日裡就在無止盡地跑商場為客戶採購，拖著衣架奔波於市內各個角落中度過，更不用說塞在洛杉磯惡名昭彰的車陣中幾個小時。倦怠感逐漸朝著蘿倫逼近，她想到了一個主意。如果她不再親自提供造型服務，將事業改成線上課程，教導女性如何自行打點造型，展現她們最好的形象呢？

一想到這個點子，蘿倫心裡幾乎立刻湧上一股沉重的疑慮。客戶付錢給她替他們打理造型，為的是得到服務，而不是資訊產品。他們明明只要請別人代勞就好，怎麼會想上課學習如何做自己的造型師呢？

儘管蘿倫有所顧慮，她還是鼓起勇氣嘗試。她開了一門她稱為「個人造型大學」的課程。此後，她獲得三百二十六位學生和數十萬美元的收入，再也沒有走回頭路。她的課程在 YouTube 上擁有超過一千萬次觀看數，谷歌將她列為 #WomenToWatch 之一，她上過《美麗佳人》（*Marie Claire*）、《時尚》（*Vogue*）、《紐約時報》、《好萊塢報導》

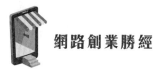

（*The Hollywood Reporter*）和《華爾街日報》（*The Wall Street Journal*）等報刊雜誌。

快轉到蘿倫現今生活的一個平常日，你看到的是一個女人做著她熱愛的工作——幫女性展現最佳形象——而且無須踏進百貨公司。她用她覺得適合的方式成功擴大事業，包括推出會員網站和出版三本書。一個最初充滿疑慮的想法，如今已然轉化為身價七位數的事業並發揮連鎖效應，她的學生陸續成為碧昂絲、女神卡卡和瑪丹娜等歌手的造型師。你一定也能實現這種成功的故事！

創立、宣傳和交付工作坊課程的五步驟流程

每年年底我都會主持一場「年度促銷計畫」工作坊，教導學生如何為來年規劃促銷行事曆。雖然我有一套更深入的數位課程，不過還是很喜歡為受眾提供這個簡短又容易操作的技巧。這是我幾年前推出的產品，往後我每年都會再加以利用，更新一些內容，花最少的力氣就能替事業創造額外收入。促銷計畫也是我十分熱衷的主題，而且用簡單的五步驟流程就能把這個課程運作起來。現在就讓我們一起探索這幾個步驟，瞭解如何為事業推出一個工作坊課程。

$ 第一步：做出三個關鍵決定

在推出工作坊課程之前，先決定「主題」、「授課日期與時間」和「價格與收入目標」這三大環節。這三個關鍵決定會讓你更快、更輕鬆地完成後續步驟，因此我建議你花一些時間仔細思考這幾個決定。

關鍵決定之一：主題

這個會推動其他一切事項的決定，為的是確立你的工作坊課程要傳授什麼內容，而做出此決定最好的辦法就是問自己以下這個問題：

我知道我可以幫助目標客群滿足他們需要的一件事是什麼？

假設你是生涯教練，專門協助原本在家照顧孩子的女性重返職場。你知道首先困擾她們的「一件事」就是履歷表，她們不清楚履歷中該寫或不該寫哪些內容，也不知道該如何處理前次離開職場後的這段空窗期。為了因應這個迫切的需求，你可以開撰寫履歷的工作坊，引導學員按部就班完成履歷表。在課程中，你可以提供版面範本、內文樣式和文字指導，而工作坊的成果就是你的學生產出一份令她們自豪的履歷，讓她們能夠充滿自信地提交出去，應徵心目中理想的工作機會。

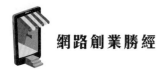

再舉一例，假設你是髮型設計師，一直在研究和測試新做法來吸引潛在客戶，結果過去一年內你的業務量因此大增。現在，你也想幫助其他同行運用這個策略，那麼你可以開一個名為「如何使用單一付費廣告策略為本月增加十位客戶」的工作坊。這個主題既實用又令人興奮，可協助你的受眾邁出重要的一步，朝擴充客源的目標前進。

如果你還是想不出主題，又或許你的狀況是點子「太多」，不妨發送問卷調查給電子郵件清單的訂閱者徵詢他們的意見，或是在你選擇的社群媒體平台上貼文發問。你可以列舉幾個想法，再請目標客群投票選擇他們最有可能報名參加的課程。你也可以發文提問後，從收到的回應或留言中抓出主題。

從一開始就把受眾納入你建立工作坊的過程之中，他們就會成為這趟旅程的一分子。一旦他們覺得自己是你旅程的一分子，那麼在進入到第三步驟時，他們購買課程的機率也就愈高！

請切記，工作坊課程並不是毫無保留傳授所有知識的時機點，其目標在於吸引新客戶踏入你的領域，讓他們有機會瞭解跟你合作會有什麼可能性。別一開始就壓垮他們，相反地，你的課程應該簡潔有力，幫他們取得單一的成果或快速致勝即可，如此便可推動他們繼續走向旅程的下一步。

關鍵決定之二：日期與時間

　　下一個要做的決定是選擇工作坊的授課日期與時間。這是一個相對來講快速又簡單的決定，但也是一個確認後就該堅持的決定。日期和時間會影響你的後端安排和宣傳階段。由於你是透過直播向受眾傳授這門工作坊課程，而不是預先錄製，因此你應該選擇一個基本上適用於理想客群代表的時間。比方說，如果你的學生是教師，你知道他們平常下班後一定筋疲力盡，所以工作坊的時間最好規劃在週末進行。或者，就像前述的例子一樣，你的學生是髮型設計師，則最好選星期一，因為許多髮廊都在這一天公休。

關鍵決定之三：價格和收入目標

　　最後，你應該確認工作坊的價位，並為自己設定收入目標。這一步跟我們在前一章討論過的為服務或教練指導定價的過程類似，不過要考慮的變數比較少。

　　如前所述，我建議先做一些研究，查看類似的線上培訓價格，或者詢問理想客群代表所期望的費用。以一小時的工作坊來講，我建議根據受眾和培訓的承諾目標等條件，收取四十九至九十九美元之間的費用。

　　先調查清楚工作坊對學生來講有多少價值，才能針對這門課程選擇適合的價位點。比方說，給「初學者」學習的技巧因為比較簡單，最好訂定較低價位。

假設你是製陶師，你打算教導新手陶藝轉盤的基礎知識，若是將價格設在四十九美元，這恐怕是你的受眾無法負擔的價位。又或者你覺得許多學生可能只是想嘗試一下陶藝，因此不會熱血到願意花四十九美元，如果是這種情況，選低一點的價位會比較理想。無論如何，務必經過觀察且對理想客群代表有充分的理解再做決定，而不是出於你對自身價值的擔憂。別忘了，當你覺得最彆扭的時候，往往正是成長的時機。

反過來看，如果你的工作坊可以提供更深度的轉變，尤其你傳授的是可以幫專業人士增加收入的技巧，那麼不妨考慮收取更高的費用。

比方說你是陪產員，你開創一個事業，與孕婦合作規劃她們的產後復原計畫。你知道許多陪產員和助產士應該會對這種副業感興趣，不過他們不知道從何著手，那麼你可以針對助產士和陪產員提供工作坊，教導他們在這種高流動率的產業中，找到穩定客群的策略。在這種情況下，你大概可以收取九十九美元以上的費用，因為你提供的內容可以輕易變現為數千美元的年收入。

確認好價位後，接下來是設定收入目標。收入目標很重要，因為你應該有一個奮鬥的目標，以及評量你推出的產品或服務是否成功的方式。我每一次推出產品時，都會設定「合格」、「出色」和「超級亮眼」這三個收入目標。如果你的工作坊價位是一百美元，那麼三個目標的設定如下：

・合格目標：賺取一千美元——應該賣出十個名額。你「完全」做得到！

・出色目標：賺取二千美元——應該賣出二十個名額。這是可行的，但有點難度，我們行動吧！

・超級亮眼目標：賺取三千美元——應該賣出三十個名額。讓自己刮目相看吧！

　　以上目標純屬建議，請盡情設定你自己的目標！如果你希望根據當前電子郵件清單的強度和互動率以及社群媒體受眾的規模，把目標設得更高，放開手腳去做吧！或者你覺得現在這個階段對你來說，十名學生已經是高難度挑戰，就把目標調低沒關係。設定目標的重點是為了發揮激勵和振奮的作用，而不是製造失望。

💲 第二步：確立幕後技術

　　我知道，我都知道，只要一提到「技術」，大家就會跑去找掩護！不過你還是必須設置一些後端技術，才能讓工作坊運作起來。好消息是，如果你知道該怎麼做，那麼整個過程其實很簡單。我把過程分成以下四個簡單的操作步驟，幫助你完成：

（一）決定授課管道

（二）製作網頁讓學生購買你的工作坊

（三）發送電子郵件確認購買

（四）決定是否提供直播培訓的重播

技術操作之一：決定授課管道

學生一旦購買課程之後，勢必要存取你的直播工作坊，這是理所當然的。你有很多現成途徑可以將培訓課程交付給學生並顯示在他們的螢幕上，不過其中最簡便的做法莫過於使用Zoom這類視訊電話會議軟體建立網路研討會的連結。這種平台可以讓你用任何裝置進行演示，直接對著攝影鏡頭說話或使用投影片，學生只要點擊你提供的連結，就可以從任何地方、用任何裝置加入。

就看你想配置的技術複雜程度，你也可以建立私人社群，譬如臉書社團，直接透過Facebook Live 在該社團內進行工作坊。甚至你可以在自己的網站上嵌入直播影片，雖然此做法需要多一點技術知識，不過這也意味著你能夠完全掌握學生上課時在視覺和感知方面的體驗。

技術操作之二：製作網頁讓學生購買你的工作坊

接下來，你需要一個銷售頁面，也就是可下單的登陸頁面，讓潛在客戶能夠購買你這個可以創造轉變的工作坊。價格較高的大型課程所用的銷售頁面會更為複雜，必須加入常見問題、詳細的成功案例和額外贈品之類的區塊。不過，工作坊這類課程有一個很棒的地方，就是你可以選擇盡量簡化網頁內容，只包含潛在客戶需要知道的下列基本資訊即可：

· 工作坊課程的名稱和主題

· 學生報名參加後預計將學到的內容概要

· 明確瞭解課程對他們的益處（即學生上課後可獲得的好處）

· 反駁異議（解答理想客群代表可能對報名猶豫的各種疑慮）

· 授課日期和時間

· 價格

· 社會證據，例如付費客戶的認證或同事的推薦（如果尚未有這類證據也沒關係，這是努力的目標！）

· 清晰的呼籲行動（即呼籲報名參加工作坊課程）

你可以用打造誘餌磁鐵名單擷取頁的做法來製作銷售頁面，即利用電子郵件服務提供商或網站平台的登陸頁範本，而不同之處則在於，你的銷售頁面需要下單功能，這表示你應該加入能讓潛在客戶購買的途徑。

你必須從後端選擇一個付款處理平台，讓學生輸入信用卡資料並支付工作坊的費用，而做法有好幾種，大部分也都非常簡單好用。

例如，你的電子郵件服務提供商可能就具備電子商務整合系統。又或者你可以使用支付處理平台來建置結帳頁，然後直接在你的銷售頁面上連結該頁面。（如果你採取這條途徑，那麼只要確認你的支付處理平台已經和電子郵件服務提供商整合，付費客戶就會加進你的電子郵件清單中。）

大多數的購物車平台也都會提供知識庫和技術教學，針對如何完成這些步驟備有逐步說明，請務必查看你軟體方案的選項。假如你被這些東西搞得暈頭轉向，寧可把精力用在別處，不妨考慮聘請專業的網路管理員來協助你設置後端技術。

如需簡易銷售頁面和相應的結帳頁範例，以及關於支付處理平台、購物車平台和尋找技術專家協助的建議，請造訪線上資源中心，網址是：www.twoweeksnoticebook.com/resources。

技術操作之三：發送電子郵件確認購買

學生一旦註冊了工作坊（恭喜你，開香檳慶祝吧！），你應該發送確認郵件給他們，並附上他們註冊的詳細資料。這封郵件簡短即可，主要是通知他們款項已收到，並提供登入資訊以便他們存取直播培訓課程。此外，確認郵件應該在有人輸入信用卡資訊之後即自動發送，不是由你手動發送，而且只要將你的支付處理平台連結到電子郵件服務提供商，就能輕鬆設定自動發送功能。如需工作坊確認電子郵件的樣本，請參閱（請見附錄第 12 章 P.300）。

技術操作之四：決定是否提供直播培訓的重播

最後，你需要決定是否為錯過課程或想重看一次的人提供直播培訓的重播影片。提供重播的好處是，你也許會因此增加客戶，因為那

些知道自己無法在直播時間參與課程的人，依然有機會註冊並另定時間收看重播。

　　由於你提供多種存取你工作坊的方式，不妨考慮稍微提高價格，至於應該增加多少費用則取決於你的原始價位和重播影片的可用期限。不過這樣做的缺點在於，如果學員知道後來會有重播影片，那麼參加直播的人就會比較少，後端也會多一些工作，因為你必須弄清楚該如何讓他們使用重播影片。

　　如果你決定提供重播，有以下幾種選項：

・將影片上傳到雲端儲存服務，譬如Dropbox或Google Drive，將存取設定設為僅供查看，然後在工作坊結束後，用電子郵件發送影片連結給你的學生。

・如果你為工作坊課程的學員組個封閉社群，譬如臉書私人社團，也可以在該社團放置重播影片。

・在你網站上另外製作獨立且受密碼保護的網頁，再將重播影片嵌入其中，然後用電子郵件發送網址和密碼給你的學生。

⑤ 第三步：設計行銷計畫

　　為了吸引潛在客戶前往銷售頁面購買工作坊課程，你應該向受眾宣傳課程，並引導他們前往銷售頁面報名，而你在這個過程中採取的行動即為「行銷計畫」。

就工作坊課程來說，我建議在直播工作坊開課的前一週進行課程宣傳，而制定行銷計畫時，應考慮「社群媒體」和「電子郵件」這二大宣傳策略。

行銷策略之一：社群媒體宣傳

在社群媒體上宣傳的做法有很多，譬如在LinkedIn發布一篇主題與工作坊相符的部落格文章，到IG Story貼文，在Pinterest寫宣傳貼文，或是發布簡短的臉書直播，這些都是把消息散布出去的絕佳方式。

你的貼文應該盡量簡潔、動人，譬如告訴受眾你的工作坊包含的三大要點，還有為什麼他們一定要搶先報名的理由。最好讓他們興奮到點擊貼文中的連結（或在某些平台上的話，則為點擊個人資料中的連結），進而將他們帶到你的銷售頁面，瞭解課程的詳細資訊。如果你打算用影片宣傳，建議選擇容易念又好記的銷售頁面網址，例如 amyporterfield.com/workshop。

我在社群媒體宣傳的時候，喜歡聚焦在工作坊的三個元素上，我稱之為「什麼人、什麼益處、什麼理由」：

· **什麼人**最適合參加你的工作坊？直接與你的理想客群代表對話交流。
· 你的學員參加這個工作坊後預計可以獲得**什麼益處**？寫下幾個他們可從中獲得的具體好處，然後在各個社群管道進行宣傳時，把這張清單的內容融入到你的貼文中。

・你為了**什麼理由**創立這個工作坊？分享你決定傳授這個主題的心路歷程，告訴受眾一些有趣的細節和見解，解釋這門培訓課程很有價值的原因。

還需要更多靈感嗎？請瀏覽（請見附錄第12章P.301），其中附有在IG上發布工作坊宣傳貼文的樣式。

行銷策略之二：電子郵件宣傳

現在正是你努力擴充的電子郵件清單大展身手的時候！別忘了，你的訂閱者已經舉手表示他們對你提供的方案感興趣，所以就算清單規模仍然有限，你還是可以放心認定這些人就是你的「暖心」潛在客戶，將會最容易也最頻繁進行購買行為。希望你一直以來都用有價值的內容培養他們的興趣，這樣一來他們就準備好跟隨你邁出下一步：參加這個工作坊！

我建議發送三封電子郵件：「邀請郵件」以及二封開課前給已註冊學員的郵件。邀請郵件是要讓你的粉絲知道工作坊即將開始，並且特別強調參加課程後預計會獲得的轉變，其目標在於激起讀者的興趣，創造興奮的氛圍，驅使他們前往註冊。這封郵件要放入的重點包括工作坊的名稱、課程內容概述、此課程對訂閱者很重要的理由（務必提到工作坊可以解決的任何難題、障礙或渴望）、授課日期與時間、價格以及指向銷售頁面的連結。

我建議在工作坊開課的前一週發送這封邀請郵件，然後在二～三天後，取得尚未打開第一封邀請郵件的訂閱者名單——你的電子郵件服務提供商可追蹤訂閱者有沒有打開郵件——**再以新的主旨重新發送同一封郵件！**如此一來，你又有了第二次的機會吸引起他們的注意。如有需要，(請見附錄第 12 章 P.303) 提供了工作坊邀請郵件的範例。

學生報名參加後，你應該繼續與他們互動，確保他們一定會「出現」。也許你以爲這些學生既然已經付款買課程，就應該足以驅策他們在該上課的日期和時間坐在電腦前，那你可就錯了！生活裡總有各種干擾，人會忘東忘西也有惰性，會想繼續追劇……人總是有千百萬個理由不出席他們已經花錢購買的工作坊。

這就是二封工作坊開課前發出的提醒郵件派上用場的地方。由於收件人已經註冊，因此這二封郵件不必像邀請郵件那樣詳細，不過其目標在於維持收件人的興奮感，提醒他們你即將交付所有精彩的內容。我建議在直播培訓前的二十四小時先發送一封，接著在當日——甚至可以在開課前十五分鐘——再發送第二封，這樣他們只需要點擊連結就能參加。

把學生需要知道的所有詳細資訊都列在收件匣頂部，盡量讓他們覺得很方便，這樣做絕對有好處。主旨最好使用「你的×××工作坊今天即將上線！(詳情請參閱信件內文)」這類清晰明確的內容。

以下圖表為電子郵件發送順序的重點摘要:

	第一封:邀請郵件	第一封:重發邀請郵件	第二封:開課前提醒郵件	第三封:開課當日提醒郵件
信件內容	說明工作坊內容,強調該課程幫理想客群代表實現的轉變	第一封郵件更新主旨後重發	針對即將開課的工作坊營造興奮感,並且把學生需要知道的所有詳細資訊都列在收件匣頂部,讓他們覺得很方便	針對即將開課的工作坊營造興奮感,並且把學生需要知道的所有詳細資訊都列在收件匣頂部,讓他們覺得很方便
發送對象	郵件清單上的所有訂閱者(和／或朋友及家人,請他們轉發給任何可能感興趣的人)	僅發送給未打開第一封邀請郵件的人	任何已購買你工作坊的人	任何已購買你工作坊的人
發送時機	工作坊開課前一週	第一封郵件發送後隔二至三天	工作坊開課前二十四小時	工作坊開課當日早上

$ 第四步：設計培訓內容

　　一旦完成了技術設置並積極宣傳工作坊課程之後，接下來是調整你授課內容的時候了。好消息是，這只是一小時的培訓課程，最後十五～二十分鐘可以作爲開放問答的時間，你會驚訝地發現內容整合的速度快得一氣呵成。

　　關於問答環節，我強烈建議在培訓尾聲進行簡短的問答時間，輕鬆過渡到工作坊結束，爲學生提供巨大價值，並與受衆建立連結。用預先挑好的一～三個問題作爲開場，以免直播觀衆需要花一、二分鐘的時間才能提問（有時候大家會害羞嘛！）。

　　先把你最常被問的問題寫下來，到了問答時間就從這些問題切入，是不錯的做法。開場時你可以說：「我先來回答幾個各位現在可能正在思考的問題，然後我們再繼續。」這樣做可以讓你自信地帶入工作坊的問答環節，尤其如果你的受衆特別安靜的情況下。

　　當年我還是剛創業的菜鳥、受衆規模很小的時候，就採用了這個策略，每次這樣做時都讓我覺得安心，因爲我已經準備好在培訓尾聲時要用的問題，免得到時候一片鴉雀無聲。請相信我，有備無患，別「問題」到用時方恨少！

　　我也建議用大綱來進行教學，而不是寫出完整的腳本。聽著，我知道第一次進行直播工作坊可能讓人覺得很恐怖（尤其是對我們這種內向的人來說！），先準備一份講稿，確切知道自己要說哪些內容，不讓自己離題，好像是明智的做法，但問題是，努力照著腳本講會給

人呆板又沒有情緒起伏的感覺，讓受眾覺得好像跟你頻率對不上。

如果你表現得很自在（即便內心緊張萬分），受眾會更加信任你，並且在你傳授他們報名學習的內容時感到放鬆。我建議你對受眾說話時隨意一些，就像和朋友聊天那樣，別逐字唸著講稿內容（順便提一下，用這種方式的話，還得精通讀提詞機的技巧才行，這我目前都還做不到）。如果你覺得需要讓自己更安心一點，那麼不妨編寫五分鐘的介紹詞就好，接著就開始使用大綱。這會讓你即使在最緊張的時刻，也依然有做好準備的感覺。

現在，我們再次使用第4章（P.75）的「便利貼派對」策略，來設計你的工作坊內容大綱。這是簡單又非常有效的做法，如果你需要回想一下的話，以下提供它的步驟：

（一）準備工具：拿一疊便利貼和一支麥克筆，找個可以把便利貼都黏上去的空白處，譬如牆壁、鏡子或窗戶，這樣每一張便利貼都能一目了然。

（二）腦力激盪：把計時器設定十五分鐘，開始寫下工作坊的各種點子、故事、內容片段、見解或行動項目。如果合乎主題的訴求，不妨考慮加幾個快速練習給學生做，比方說請他們做個決定或針對你給的提示寫下回應等等。請記住，腦力激盪階段不需要編修任何內容！把每個想法都寫在便利貼上即可。

（三）**組織大綱**：計時器響起後，再花五分鐘時間整理便利貼。挑出你想用的便利貼，依階段或步驟來分類整理，這可以讓你開始從視覺上看到授課的流程與順序。整理完畢的便利貼，就是你工作坊大綱的初稿！

（四）**精修大綱**：現在是打開谷歌或Word檔，把便利貼轉換到頁面上的時候了。花一、二個小時精修和擴展大綱，你可以調整順序、刪除不必要的內容，加入一些新點子，充實你的想法，給它們更多細節和具體資訊。請記住，由於你只教學約四十五分鐘，而你的學生尋求的是快速解決方案，所以不要用太多內容壓垮他們，上課好玩有趣也很重要！一邊教重點內容，一邊講講故事、舉一些例子，與學生互動。

（五）**最後檢查**：調整好大綱之後，我建議你先把它放到一邊（也許幾個小時，或甚至幾天），讓思緒有時間沉澱一下。然後再回過頭來進行最後的檢查，把內容再順一遍，確定你已經掌握了流程。想一想你對學生承諾的成果；你確定此內容能幫他們實現目標嗎？如果不能，再做一些修改。然後就大功告成了！

建立視覺輔助工具

如果想做得更進一步，且你的內容又有需要的話，也許你應該在授課時加入視覺元素。比方說，分享你螢幕上的投影片，或者是站在白板前授課，一邊寫下關鍵的概念或畫出範例。又或者，如果你的工作坊主題是如何執行某種手作課程，那麼你可能會想要設置攝影鏡頭，方便你在授課時有一部分時間直接對著鏡頭講話，其餘時間則向學員講解比較戰略方面的演示。

如果你想使用投影片教學，請盡量簡單，沒必要把投影片弄得很花俏。你可以用 Canva 或 Google Slides 這類應用程式設計投影片，記得你的教學內容才是最重要的。

我建議用你最重要的教學要點為投影片命名，這不但有助於受眾理解教材，而且可以讓你在授課時朝著既定方向進行。投影片上的文字愈少愈好，你應該讓學員專心聽你講話，而不是把時間都拿來讀你的投影片。還有我一向喜歡每隔一分鐘左右就換一張投影片，要不然受眾很有可能不知道神遊到哪裡去了。

專業訣竅：務必在工作坊開課前請別人檢查你的投影片，確定文字沒有拼寫錯誤。即使只是請朋友幫個忙，你一定會很感激自己做了這件事。請記住，呈現內容的方式有很多，挑一個最適合你和你學生的做法，然後全力以赴吧！

練習、練習再練習

在進行直播工作坊之前,我的最後一個建議就是練習、練習,再多練習一點。我得承認我實在不愛用練習授課來消磨一個下午的時光,但是每次都很慶幸自己這樣做了。

當你從頭到尾實際練習一遍的時候,會發現書面上看起來很順的地方,實地執行起來卻效果不佳,這種狀況寧可在開課前就知道,不是嗎?即使你對你的內容十分自信,我也一定要拜託你千萬別跳過練習!我自己在進行培訓教學的開頭幾分鐘往往最緊張,所以我會特別多練幾次開場白,這樣才能展現自信,全心投入於教導我的學生。

如果內容有任何部分讓你覺得特別不順,多花一點時間加強練習,就能安心進行直播。

⑤ 第五步:授課及收尾

現在,你已經規劃好工作坊內容,把後端的一切設定妥當,培訓課也收滿了付費客戶,接下來準備上陣了!到了預定的日期和時間,你就要向學生提供你的直播工作坊課程。以下分享幾個可以確保一切順利進行的直播技巧:

· 開課前二十四～四十八小時內先進行技術測試，把直播所需用到的
  技術全都測試一遍。這樣做可以平復你緊張的心情，並提前解決任
  何麻煩的技術問題。

· 工作坊開課當日，提早十分鐘上線，利用這段時間確定技術正常運
  作，如果一切順利，還可以在上課前先和學生閒聊一下。

· 別忘了，在進行直播時感到緊張是完全正常的，不過你可以想一想
  自己當初「為什麼」會推出這個工作坊內容。你想幫助學生克服障
  礙，學到新東西，或是引導他們走過某個過程，好讓他們能繼續前
  進。你已經承諾要用培訓課程來幫助學生實現轉變，而現在正是讓
  他們大開眼界的時候，你辦得到！

　　等你授課完畢，也歡天喜地跳了一段舞之後（如果你是我，可能
還會再來一杯低糖瑪格麗特），接下來要發送最後一封課後電子郵件
給學生作為收尾。這封郵件的目的是感謝學生的參與，並且把你希望
他們知道的任何最終資訊告知他們。如果你承諾過會提供重播，就可
以在這封信裡交代重播的詳情。如需工作坊課後電子郵件的內文樣
式，請參閱附錄（請見附錄第 12 章 P.306）。

做出關鍵決定

　　現在我已經引導你完成了五步驟的工作坊建立流程，接下來我們就回到一開始，先做出三個關鍵決定。把計時器設定十五分鐘，回答以下問題：

（一）你知道你有信心可以幫助目標客群滿足他們需要的「一件事」是什麼？（請記住，如果不只一件事，不妨花點時間在社群媒體上寫一則貼文，或是發送電子郵件詢問受眾最想學什麼！）

（二）你的工作坊預計在什麼日期和時間授課？對理想客群代表來說最適合的上課時間是什麼時候？

（三）你打算收取多少費用？

（四）你的「合格」、「出色」和「超級亮眼」收入目標為何？

　　當你踏出建立第一個工作坊的這一步，就證明了你真的全力以赴，準備闖出知名度，開始開闢自己的線上版圖。

　　如果這時你心裡想，**但失敗怎麼辦？萬一沒有人購買呢？**我要告訴你，事實上確實可能會失敗，但也可能不會。如果你要考慮最糟的

情況，那麼也應該讓最好的情況有同樣的機會浮現在你腦海裡。**如果有一大群人購買怎麼辦？萬一這門課夯得不得了呢？**

你知道華特・迪士尼曾經因為「缺乏想像力又沒創意」而被報社《堪薩斯城之星》（*Kansas City Star*）解僱嗎？還有瑪麗蓮・夢露努力開創星途時，模特兒經紀公司建議她去當祕書嗎？史蒂夫・賈伯斯因為董事會認為他把公司資源浪費在昂貴又沒有前景的案子上，而被迫離開他共同創辦的公司。

換句話說，不是每個人都理解你的價值或看到你厲害的地方。但好消息是，這不重要，因為你不需要人人都關注你，當然你也不需要大家都喜歡你。集中心力為你的社群創作出色的內容，一定要定期且持續的現身，即使害怕也要展現自己，用心教學。這些都是通往成功之路的萬靈丹。

各就各位，預備，跑！

CHAPTER 13

很久很久以前，有一位女性鼓起所有的勇氣，開創了自己的事業。某一天，她還是個在沒有窗戶的小隔間裡工作的員工，升遷路上總是碰壁，結果到了隔天，她搖身一變做了自己的老闆，一切由她說了算，還賺到更多的錢，超乎她的想像。當然，剛創業時是碰到了一些阻礙和挑戰，不過很快就步入正軌，她也過上了憧憬的生活。她因為擁有自己的事業，自己當老闆，人生從此以後變得燦爛美好。故事就此結束。

嗯……其實不完全是這樣！

事實上，自己當老闆的生活未必像童話故事那般美妙，這個旅程需要時間、毅力、厚臉皮和堅定的心，並不是星期二辭去工作，到了星期三一覺醒來你就會成為常出現在 IG 上的「寶貝老闆」那種事業成功的女性。做自己的老闆是一個做著一次次決定、走過一次次經驗的過程。你會一再被迫重新定義自己的價值觀、更新經營原則，並學習你心目中的領導風格。

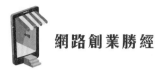

其實你初次當老闆時，一定會有失策的時候。我們無法知曉自己一無所知的事情，所以會有千百萬個機會犯錯。那些我們不知道的事情，往往只有在我們掉進它的陷阱裡時才會顯露出來。我是怎麼知道的呢？因為我自己也曾掉入幾乎所有可能的老闆陷阱，這些充滿挑戰的情況對所有新手老闆來說都很常見，不過只要你懂如何應對，就不必因為這些陷阱而終結你的創業旅程。

因此，請將本章視為我送給你的最後一份禮物，我要提醒你小心提防我見過的五個最常見的老闆陷阱──而且以我個人失敗的經驗為例，很有意思吧！──並針對如何因應提供最有效的建議，幫助你堅定朝著夢想前進。

老闆陷阱之一：任由客戶指揮你

我開創第一個服務型事業，為小公司做社群媒體行銷時，可以說「來者不拒」，任何一個機會都不放過，主要是因為害怕會錯過機會或賺不到足夠的收入。很快地，我就收了八個客戶，每個客戶都有一堆不切實際到極點的期望和難以應付的截止期限，而我卻表現得像以前在公司上班那樣，順著他們的意思去做不可能的事情，把自己逼得愈來愈緊，為了滿足他們而犧牲我自己的幸福。

情況最終不可避免失控了，我當時在停機坪上，一手拿著筆電，一手拎著行李箱，手機夾在我的脖子和耳朵之間，努力聽客戶在電話那頭大吼著，因我最近一次幫他辦的網路研討會出現嚴重技術問題。後來他說了一句話，我聽得清清楚楚：「艾美，以後不能再發生這種事了！」

　　那一刻，一種崩潰的感覺湧上我的心頭，我也知道他說得沒錯，但並不是因為我打算更努力滿足他那些不可能的要求，而是因為我「受夠了」。

　　我是創業了沒錯，但依然在為別人工作。我受制於客戶的需求、渴望，還有不如直說吧，他們的突發奇想。此刻我所面臨到的就跟自己當初離職時想擺脫的狀況一模一樣，即使我有冒險創業的自信，但內心深處其實並未相信自己真的有那種聰明才智、戰略思維或精明能幹可以自己當老闆。

　　過去十年來，我與成千上萬的女性合作過，所以我知道我不是唯一有這種心路歷程的人。

　　我遇到太多自雇女性依舊像員工一樣幫別人工作，她們為了滿足客戶的每一個需求和渴望，而拋開自己的界限和自尊。如果你經常感到挫折，對合作的客戶充滿埋怨，十之八九是因為你讓他們對你指手畫腳。

　　一聽到這裡你就忍不住想大喊「對對對！我就是這樣！」的話，那麼下列解方有助於你從這種老闆陷阱中脫身，並防止你再次落入它的掌控。

💲 解方之一：白紙黑字寫下來

　　與客戶合作之前，最好用書面形式把對方的期望明確定下來。你應該和客戶討論合作案的目標、務必要交付的成果以及所謂「完成」的標準何在，如此才能確保雙方都對預計的最終結果有清楚的共識。一旦你與客戶就細節達成共識之後，擬定一份合約由雙方簽署，這樣一來，就不會有灰色地帶的存在。期望愈清晰，你做事時就愈容易保持正確方向。

　　我在線上資源中心提供了可下載的合約範本供你參考，請造訪：www.twoweeksnoticebook.com/resources。如果可以找律師或合約專家合作，在與客戶簽約前先幫你審閱過合約也是很好的做法。

💲 解方之二：接新任務前三思而行

　　在自願承擔新任務前，堅持暫停一下，做個深呼吸。根據方案和會議狀況的不同，說不定會有別人挺身自願承擔該任務。假如沒有的話，向客戶詢問他們認為誰是負責該任務最適合的人選。如果他們提議你正是這個人選，那麼請告訴他們你需要一點時間查看這個方案要執行的任務，你會在當天稍晚或隔天再回覆。

多給自己一點時間絕對是明智的決定。如果客戶反對，希望立刻得到答覆，你可能就必須和他們好好詳談一番；若是這種情況，請繼續閱讀下一個解方。

💲 解方之三：重新檢視專案任務

如果你已經承擔太多任務，並因此感到心力交瘁，怨懟橫生，請重新審視該專案的目標。任務的範疇若是擴張到超出最初的協議（這種情況經常發生），也許就該進行「客戶後續跟進通話」，藉此一起放寬視野，檢討該專案的目標是如何以及在何時何處超出了最初的協議，然後你們再共同制定新計畫，來因應該專案衍生的複雜性。

當你發現自己落入像員工一樣替別人做事的老闆陷阱時，請務必記得你現在是老闆。你之所以放膽一試，開創一個你能引以為傲的事業和生活唯一的理由就是，你想比當員工時更快樂、擁有更多自主權。為了實現這個目標，你必須堅持設定必要的界限，尊重自己，並且堅定去做對的事情。只要這樣執行下去，久而久之你會發現，陷阱消失了，再也不會出現在你腦海。

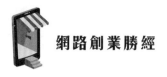

老闆陷阱之二：認爲自己需要男人的協助

　　無論是私生活或職場生活，我一而再、再而三看到我們女性總是以爲自己不夠好或能力不足以獨立做大事。對某些女性來說，她們會覺得這表示女人需要男人亦步亦趨從旁協助。而講到「某些女性」，其實指的就是我本人；換句話說，現在是講講我合作夥伴故事的時候了。

　　接下來我會實話實說，絕無戲言。但願我不必講這個故事；若說我對這件事的來龍去脈感到五味雜陳，實在不足以形容我的感受。不過儘管那次經驗如此慘痛，它爲我開啓的面向卻令我感激萬分，我也希望這個故事能讓你避開類似的錯誤。

　　我差不多在開創線上事業三年之後，想衝高我事業某個特定領域的銷售量，於是向我一個智囊團的同僚尋求協助。他很快就看出了更大的機會，那就是將我整個公司所提供的方案進行優化，創造更多收入。有了這個想法後，他提出和我以50／50的合作夥伴關係經營我事業的方案，二人迅速簽訂合約，事情就定案了。

　　說不定你很好奇我向我的導師們對於是否接受這個合作案徵詢了哪些建言，還有我花了多少時間考慮，那麼請先坐好再聽答案：**我只想了一個晚上，沒有跟任何人商量就做了決定**。我把自己白手起家建立的事業，一個即將達到百萬美元收益的事業，拱手交出其中的一半給一個我知之甚少的人，只因爲他說他看到我身上的潛力。

回首那段時光，我看到自己即便已經越過開創線上事業的障礙，開始有開竅的感覺了，卻仍然覺得需要男人來指導我並提醒我確實有能力，否則我做不到。我告訴自己，如果我失敗的話（我幾乎天天都有這個念頭），至少身邊有人陪伴我。如果我陷入困境，身邊會有人（好啦，講白一點就是指「男人」）拉我一把。如果我不知道答案（這是常有的經驗），他一定知道該怎麼辦。我想表達的意思就是：「沒有男人在我身邊，就沒有安全感，我沒有能力搞定這一切，讓這個男人引導我的話，可以保我免於失敗。」

　　從我們開始合作的那一刻起，事業的發展立刻衝到新的水準。我們迅速設計新課程，調整行銷漏斗和產品，僱用第一位全職員工，然後擴充我們的電子郵件清單。到了第二年，我們已經成為身價千萬美元的企業，我開始被譽為首屈一指的線上行銷專家。

　　可是那種感覺又來了，私下的我其實非常痛苦。

　　我要先澄清一點，我對這位前合作夥伴沒有任何負面看法，他聰明、有戰略頭腦，又懂得如何賺錢，找這麼一位經歷過我的處境——又成功過——的導師來幫我，確實是很棒的主意。然而，請求幫忙和認定自己需要別人「救我」完全是兩回事，或者可以更進一步的說，認定自己為了在創業旅程中獲得導師的協助，就必須放棄已經打下的一半江山。

　　當產品推出未如預期或情況有些混亂時，我會指望他告訴我一切都會好起來。多年來，我每週工作六十多個小時，從不要求他承擔

那些快把我壓垮的額外工作。每次開完會，我肩負了二十項任務，他要負責的卻只有少少幾項。我讓他領導我們前進，結果我又重新當起「沒問題小姐」。

我的痛苦有增無減，直到有一天我對朋友脫口而出說：「我事業做得很不開心。」她問起我跟合夥人的狀況，我立刻變得防備起來：「別談那個啦，那是禁忌話題，我已經陷得太深，對這件事無可奈何啊。」她給了我一個眼神，我也心知肚明，自己在逃避一件讓我內心飽受折磨的事情。

終於，我看到那道光了，這個合夥關係已經不再適合我，因為我開始覺得**自己好像在為他工作**。我一定要退出才行。

接下來的一年，我和合夥人之間的對話總是緊張、尷尬又充滿火氣，就是會把你嚇到不知所措的那種。律師和法律文件來來回回，每次我都以為會失去我的事業。我覺得我失敗了，也責怪自己把事情搞得一團亂。

後來事情演變到看起來再也不可能達成共識的地步，唯一的出路就是完全解散公司。這是「我的」公司啊！太令人心碎了，可是痛苦本身也提醒了我，做出這樣的決定才是正確的。

然後，有一天早上我醒來，眼睛因為前晚哭個不停而紅腫，腦袋裡突然迸出一個全新的想法。**如果不得不解散這個事業，那也沒關係，我可以重新開始，從頭再來一次，只不過這次我一定要百分百照自己的意思去做。**

那一年過得很煎熬，彷彿經歷一場災難，然而我的力量和信心在不知不覺中悄悄回歸了，雖然表面上看起來沒有什麼變化，但我內心平靜如水。過了幾天，我覺得自己已經準備好提出正式調解，後來的幾個月，我成功買下合夥人的股份，再一次成為自己事業唯一的所有人。

接著在不到一年的時間裡，我把事業收入從五百萬美元提升到一千六百多萬美元，我總算正式且永久地「做了自己的老闆」。我自由了。

這種擺脫員工心態、真正獨立做自己老闆的過程，在你創業的旅程中是十分關鍵的一環。你得先拋開害怕孤軍奮戰的恐懼，才能有所突破、開創自己的事業並闖出一片天。你必須相信做自己的老闆就是前進的唯一路徑，必須非常渴望且願意領導自己，無論前方有多少障礙和挑戰，因為充滿機會、個人得以成長和自由的世界就在那些挑戰的背後。

我想提供幾個有利於你避開「我無法獨立作業」這個老闆陷阱的解方，幫助你邁出適合你和事業的下一步。

💲 解方之一：打電話給朋友

如果你遇到一個你覺得不容錯過的機會，特別是牽涉到新的工作關係或有法律約束的事情，打個電話給朋友。請打給你信任的人，告訴他你為什麼想這麼做，列舉利弊。如果你有任何疑慮或擔憂，別保

留，一併說出來。事前多花點時間和你信任的人一起評估這個機會，可以免去未來幾年的煩惱。（附註：如果你很想跳過這個步驟，恐怕正是因為你也知道其中有潛在風險，而你不想面對。我怎麼知道的呢？因為我親身經歷過呀！）

💲 解方之二：尋求專業指引

我的目標是協助你避開任何不能對你發揮最大益處的事業合夥關係、安排或機會。說得更明確一點，我並不是說只要跟男性合夥事業就有問題，而是指我希望你確定自己是出於「正確的理由」才會簽字合作。講到洞悉自己的內在動機，以及區分哪些事情真正對事業有益，又有哪些對你而言純粹只是自在和熟悉感，最有效的方法當屬心理諮商了。

有時候我們自己看不清是什麼阻礙我們前進，但和專業人士談過後，或是將內心最深處的恐懼和渴望告訴我們信任的人之後，就能更加瞭解我們做出某些選擇的理由。

在諮商師的指引下，我得以在自己身上找到自我限制的模式和習慣，也因此對自我有更清晰的認識，並開始為自己的需求和渴望發聲。這是促成我的個人和職業生活能夠突破最重要催化劑之一，所以我真的極力推薦你試試看。

老板陷阱之三：用自我破壞保護自己

我是「自我破壞」的高手，天性使然。只要一有好事發生，我總能找到辦法讓它一瞬間失去光彩，馬上弄得它面目全非。對此我並不感到自豪；事實上，我羞愧到難以啓齒。從創業開始算起，我隨隨便便就能舉出二十次自我破壞的經驗，現在你手上這本書正是其中之一。

我談成出書合約時，這紙漂亮的合約是我夢想不到的，我驚喜得說不出話，等我終於回過神來把詳情告訴荷比，我倆慶祝了大概十分鐘，結果我動筆後的二個月裡不斷地自我折磨。我每天都說自己不是作家，我沒有寫書的能力，那家給我機會的優秀出版商顯然是瘋了。這些恐懼和懷疑把我那段寫作的日子搞得既可怕又痛苦，讓我經歷了有生以來最焦慮的情緒。

但問題是，**那都是我自作自受**。我一下子就把美妙的事情破壞殆盡；我猜我寧可折磨自己也不願意相信自己，是因為我這輩子都抱著我不夠好、我不該得到幸福，以及我沒有能力做大事的信念。總覺得如果得到了好東西，很快又會被奪走的恐懼心理一直讓我備受煎熬。（天啊，這個問題實在根深蒂固！）每當有難以置信的好事降臨時，我的自尊低落到不敢相信自己有資格接受，所以才會選擇自我破壞。

最終，我總算成功擺脫了這種狀態，走向更健康的心境。定下截止期限真的有效！畢竟我得把稿子交出去，別無選擇，所以我只得做個深呼吸、冷靜下來，開始「寫」下去。我每天提醒自己，我要是沒

做好準備的話，就不可能得到這種好機會。我一天比一天注意到更多令我感激的人事物，在寫作過程中我的心情也逐漸且確實變得更輕鬆，甚至到了後來可以說樂在其中！

創業絕非小事；你即將踏上的是一趟壯闊的旅程，也是非常大的挑戰。做自己的老闆意味的是，你責無旁貸，必須一肩扛下。我見過太多有才華的女性，她們充滿熱忱，天生就是自己開公司的料，卻因為自我破壞而重新回到領薪水的「工作職位」上。我不希望你也走回頭路！

我希望你勇敢踏入自己憧憬的未來，希望你能明白「勇氣＋時間＝信心」。我希望你堅持到底，於此同時你的信心會悄然成形。

有鑑於此，我想分享幾個我在周遭環境裡觀察到的（坦白說，還有我在鏡子裡看到的！）自我破壞的原型，看看你是否覺得似曾相識。假如你能夠從以下的原型描述中認出自己的模式，那絕對是一大勝利，因為「覺知」正是對抗自我破壞最有效的解方。

💲 原型一：拖延者

假如你發現面對令你興奮的專案任務或你明明很想採取的行動任務時，你會有拖延去做的現象時，那麼你有可能就是透過拖延來自我破壞。隨著截止期限愈來愈近，你卻遲遲不去完成待辦事項，這只會徒增更多壓力和憂煩。拖延的背後往往有「我們不配或我們其實無法實現自己真心渴望的東西」這樣的念頭在發揮作用。當你為截止日期

感到焦慮時，請深入觀察自己，問問自己是否落入了這種自我破壞的陷阱。

⑤ 原型二：過度思考者

你經常拖延做決定？不斷思量每一種可能發生的情境？那麼你可能屬於過度思考者的自我破壞原型。這種習性十分棘手，它會拖慢事業的發展，而且可能會削弱你的信心。沒完沒了的反覆思考往往意味著我們還不信任自己可以做出「正確」的決定。

從現在開始，你應該像經常注意自己的失敗之處那樣，也盡可能多花心思去關注自己平日裡所實現的各種小成就，並且記住你過去慘敗後又成功振作起來的時光。自己經營事業意味的就是，你會犯下許多錯誤，但唯有相信自己犯了錯之後一定能重新振作起來，情況才會有進展。

⑤ 原型三：自我批評者

如果你是那種會不斷責備自己的人，那麼你可能是用批評自己來自我破壞。一個人不可能每一件事都做不好，所以請開始關注你做得好的事情。對這些正面之處視而不見，總沉溺於自己的錯處或缺點，只會阻礙你發揮創意、幹勁和心流。你「值得」擁有眼前的機會，但你覺得自己不夠資格擁有成功的念頭，是阻擋你獲得成功的唯一障礙。

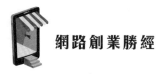

老闆陷阱之四：把興奮誤解成商機

我終於成功推出第一個數位課程時，因為很想延續這股氣勢，我理所當然就想，**我應該多方嘗試才對！**當時其他成功的線上事業業主都在做智囊團、會員制、社群媒體挑戰活動、行銷漏斗、直播活動、播客、訪談等等，搞得我的腦袋鬧烘烘的。

那一陣子，我覺得所有方法都該做做看。老天，我成功推出了數位課程，現在何不試試其他策略呢？我想嘗試新奇、好玩的東西！可是這時我的一個砥礪夥伴出手了，她給我一個十分寶貴的建言。

「哇！等等，」她對我：「這是你第一次成功推出一門課，不如加點東西，再推一次。」

「啊？」我滿腹疑問，原先的雀躍也一掃而空。坦白說，我其實從未想過要把同樣的產品做一些重點改良之後，隔幾個月再重推一次。

我的砥礪夥伴指出，我已經把最辛苦的初步工作都做完了，那麼第二次的宣傳會變得很輕鬆，而且獲利說不定會更高。我接受了她的建議，而且從未後悔過。現在，我也把「整理後再利用」的方法教給我所有的學生。

如果太多專案、策略和機會把你壓得喘不過氣來，特別是剛起步的時候，最終一定會讓你崩潰，進而萌生回頭去做領薪水的工作其實也沒那麼糟的想法。（附註：千萬別搞錯，那種工作就是那麼糟！）為了確保你不會因為興奮過頭而恨不得什麼都試，以下有幾個建議可

以幫助你以自己的事業為優先，把心思放在真正重要的事情上。

$ 解方之一：重複利用後再開發新品

　　創業者有一種渴望多樣化的特質。啓動新方案會給你多巴胺的刺激，那種感覺會讓你上癮。這種習性的難處在於，儘管從頭開始會讓你感到無比振奮，但這樣做實際上卻會拖慢你的步調。沒有哪個方案在第一次嘗試時就完美順暢，如果一直推出新東西，那麼提供給受眾的效果可能會變得乏善可陳，所以你應當讓你的產品和事業有充分的時間成熟完善才對。把你的幹勁用在優化已經有效果的內容，這樣的話只需下一點點功夫就能取得更好的結果。

$ 解方之二：把新點子記下來可安撫熱血的心

　　如果你是熱血創業者，可能隨時都有很多點子在腦海裡盤旋，也許會讓你恨不開始為每一個點子規劃開發的時程。請三思而行！

　　你的創業大腦雖然告訴你所有點子都很棒，但並非每一個都值得同等關注。最值得關注的點子，其實就是你手上正在處理的那一個。不要偏離軌道，專心朝著你已經承諾的目標前進，腦海裡閃過新點子時，把它存入手機的備忘錄裡，以免忘記，等有了可啓動新方案的時間和餘裕時，再用你的點子清單作為靈感來源。

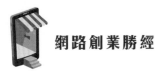

$ 解方之三：心無旁鶩向前行

FOMO意指「害怕錯過」（fear of missing out），是許多創業者經常碰到的難題。當你看到其他業主嘗試新趨勢並推出新類型的方案時，可能會覺得自己也應該效法他們，否則會被淘汰。

FOMO的心態會把你的注意力導向你目前沒有在做的事情，造成你無法關注原本正在進行的任務，使你偏離軌道，妨礙你履行許下的承諾，這些都會演變成沉沒成本和收入損失。

要成為成功的創業者，就不能總是被外部的影響力帶走你的注意力，所以每當你出現FOMO的情緒時，請保持低調地完成下一個待辦事項，並提醒自己，這是你的事業，當然可以做任何你想做的事，但不能一次做所有的事！

老闆陷阱之五：超級女性症候群

我創業六年後，僱用獨立包商來替我做事，完全沒有自己的全職員工。一天工作下來，我至少還有十件待辦任務尚未完成，搞得我筋疲力竭：這種工作量太繁重了！

後來我聘用克洛伊擔任我的全職行銷專案經理，才終於從超級女性的角色抽身。一開始我不太願意放手一些最重要的工作，誤以為那些事情只有我才能處理好。不過時間一久，克洛伊逐漸成為我事業中

不可或缺的一部分，讓我能用更戰略的眼光並有目標地運用時間。克洛伊變成我的得力助手，與我密切合作七年之久，幫我把事業推向不可思議的新境界。

拋開超級女性的角色讓我得以一邊發展事業，一邊進化成更強的領導者和創業者。這仍然是我做過最明智的商業決策之一。

新手老闆想要自己動手完成工作是很正常的事情，所以花錢請別人來幫你可能會讓你感到害怕和冒險，但請相信我，過勞或壓力太大對你的事業毫無助益，而且會導致你錯失機會，害你落入悲慘的後果。有鑑於此，我有以下幾個建議提供給死命抓著超級女性角色不放的人。

💲 解方之一：誠實面對自己

如果你偏好獨行，喜歡將所有任務扛在自己身上，問問自己**為什麼**。如果你求助的話，你擔心會發生什麼事？你過去是否有曾經向人求助，但沒有人伸出援手的經驗？你認為求助會讓別人覺得你很軟弱嗎？

仔細檢視我們不太願意求助的心理狀態，往往可以破解潛意識中各種禁錮我們的念頭。因此，花一點時間把你的想法寫下來，打電話給最好的朋友或諮商師，決心坦誠面對自己，藉此深入探究隱藏在你心底的動機。

💲 解方之二：釐清你最需要協助的地方

從你爲自己設定的目標來著眼，可以釐清你最需要協助的地方在哪裡。你此刻在追求什麼？你有哪些正在進行或即將推出的宣傳或新措施？

現在，我想請你思考一下，爲了實現這些目標，你眼下應該執行哪些任務。來吧，全都寫下來，然後問問自己：「目前有哪一件事我可以請別人協助，來減輕我的工作量，讓我能夠更從容？」挑出一件任務———一件就好———就能創造機會，幫你獲得需要已久的支援。

💲 解方之三：牢記你的「動機」

花一點時間提醒自己當初想創業的理由。想想那些你知道就在前方等待你的自由、機會和回報，眞正去感受自己的渴望。

現在再想像一下，如果你可以「更快」實現這些美好的憧憬，你願意拋開超級女性的角色，來換取通往夢想的捷徑嗎？如果你願意，此刻正是請別人來協助你的時候。只有你一個人在做所有的事情時，產能一定有限，但請別人來支援的話，就能把實現夢想的效率和速度提升二～三倍，久而久之也會提高你的收入。

總而言之，把所有事情自己一肩扛起是新手才有的舉動。獨自做完全部任務並非榮譽的象徵！事實上，扛著超級女性的角色只會拖慢你的步調、製造壓力，讓你喘不過氣來，難以自拔。如果你想更有效率又快速地發展事業，請別人來協助你吧！

先邁出一步就好

　　無論你現在走在創業旅程的哪個階段，或許剛決定提出辭呈、才出來自立門戶不久，又或者才剛決定把事業提升到新水準，你唯一要問的就是：「我的下一步是什麼？」只要一直走下去，就代表你正在向前邁進，這是我對你的期望。

　　我可以給你一個最簡單但又最重要的建議，那就是把邁出下一步的過程——無論是什麼——變得輕鬆容易。做法是選一個行動任務就好，然後專心執行它直到完成為止。如果有必要的話，不妨安排一段「老虎時間」，找個安靜的地方，完成你創業旅程當下該做的任務。

我根據創業旅程的各個階段，提供以下幾個建議助你邁開步伐：

♣ **如果你還在做全職工作**，並且剛開始考慮創業，請先宣告你的「動機」。

♣ **如果你知道自己想放手一搏**，但需要多一點動力去實現，請挑一個日期並寫在便利貼上。

♣ **如果你已經自立門戶**，或開始做副業，但苦於沒有任何進展，請先定義你的理想客群代表。

♣ **如果你已經瞭解自己要服務的對象**，但似乎無法將追蹤者轉換為電子郵件清單的訂閱者，請先打造誘餌磁鐵。

現在，選擇一個象徵性的目標，也就是你自己當老闆後有財力可以實現它時，你會採取行動去落實的目標。或許對你而言這代表購買特別的東西、此生必去的度假之旅，又或者是豪捐給你十分重視的慈善機構。你想買的是奢華的手提包嗎？這輩子非做不可的是來一趟你一直夢寐以求但負擔不起的家庭旅行？也許你最終想實現的是可以重新裝潢你家，鋪上嚮往已久的木地板和大理石檯面。或者說不定你想捐款給一間動物收容所，你心愛的寵物就是從那裡收養來的。究竟這個「目標」是什麼呢？

這是屬於你的時刻，你已經準備好徜徉在無窮的可能性之中。現在燈號已經轉綠，可以動身了！你已經握有開創線上事業所需的「一切」，現在就開始吧，請記得信任這個過程。向前邁進更勝於追求完美，你採取的每一個行動都會讓你離目標更近一步。

你的受眾需要你；他們的生活等著你去改造，他們等著你提供服務。這個世界需要你的影響力，千萬別放棄你的夢想。你要做的就是跨出去，實現它，老闆！

腳本、貼文和電子郵件範本

第 2 章　寫出你的離職腳本

$ 腳本一：與親人或親密伴侶的對話

　　利用這個腳本和你人生中不太能理解你為什麼想改變，而無法支持你決定的人溝通。這份腳本會指引你如何和親人或伴侶分享你的渴望、你目前碰到的挑戰和你對未來的憧憬。除此之外，此腳本也有助於你在勾畫未來的發展時，能夠保持思路清晰和切題。

腳本填空

「我要先說，跟你談這件事讓我覺得〔插入你對這次談話的感受，譬如緊張、害怕、猶豫〕，不是因為我對自己的決定沒信心，而是我接下來要談的事情若是能得到你的支持，對我來說有莫大意義。

「別擔心，我並不是〔講個可以緩和談話氣氛的例子，譬如你買了一輛新車，結果把信用卡刷爆了〕，我想說的是我已經決定〔義無反顧

地陳述你做的決定，例如創立線上事業並以年底辭去工作爲目標〕。如果這個消息讓你覺得有點可怕，相信我，我自己都嚇到不行！不過我是因爲〔說明你做了這個決定的原因，例如，如果繼續做原本的工作，你沒辦法想像會找到眞正的幸福和成就感〕才做出這個決定的。

「我還沒有完全想清楚，不過我深思熟慮了很長一段時間，我想我寧願去嘗試看看，就算失敗了也比什麼都不做好。我想爲自己、爲我倆，也想爲所有需要我提供產品的人闖一闖。但重點是，我知道如果有你支持我的話，我失敗的機會一定會大大減少。你願意幫我鼓起勇氣實現我的目標嗎？」

💲 腳本二：與朋友或同事的對話

利用這個腳本和那些對你想改變的決定感到疑惑的朋友或同事溝通。這個腳本適合用來應對唱反調的人，這種人往往會把自己本身的不安全感投射到你身上。請直接且篤定地表達你的決定，不需爲了得到他人的認同而道歉或解釋過多。此腳本尤其可以讓你傳達「我感謝你即使不理解我也依然支持我」的心聲，如此可達到保護你的心靈、夢想和界限的目標。

腳本填空

「你知道，人生有很多我們不怎麼理解但我們也不會質疑的事情，因爲我們知道這些事情很重要。你知道解釋重力的數學公式嗎？我自己是

不知道，但沒關係，重要的是多虧了重力，我們的腳才能牢牢貼在地面上。

「你可能不懂我非常想要〔插入你已經決定要做的事情，譬如辭去穩定的高薪工作，創立線上繪畫教室的事業〕的渴望，不過沒關係，重點是這件事對我很重要，我會全心全意去實現它。

「我不是隨便做出這個決定，而且我知道其中有風險，同時我也明白你對我的決定有一些看法都是出自於想保護我的緣故，可是我需要的是你的支持，所以我想請你把疑慮留在心裡就好。

「我很感激你對我的關心，但我不會走回頭路。我一心一意要實現這件事，而能夠幫助我做到的，就是身旁的人給我鼓勵，或至少默默接受我的決定。我可以得到你的支持嗎？」

💲 腳本三：給質疑的朋友或同事的電子郵件

以下是電子郵件的腳本，稍加調整後，你就可以用這封郵件告知家人、朋友或同事你人生的重大改變。這封郵件旨在傳達你的決定以及你對他們意見所設下的界限——**在他們開口前就先設下**。作用與上一個腳本相同，再一次強調「我感謝你即使不理解我也依然支持我」的心聲。

網路創業勝經

腳本填空

親愛的〔對方名字〕：

我一直很感激你的友誼，也十分喜歡和你一起工作。如你所知，我已經決定要〔插入你已經決定要做的事情，譬如辭去穩定的高薪工作，探索線上繪畫教學的可能性〕，也知道你大概會為此感到震驚。

我也明白你關心我和我的未來，而這種關心有時候會以疑慮和勸退的樣貌出現。

在出現這種狀況前，我想讓你知道，你的意見和回饋我洗耳恭聽，但如果你願意用支持的態度回應我，我會非常感激。我一心一意朝著這個目標前進，非常需要像你這樣對我意義重大的朋友給予我支持和鼓勵。

感謝你的關照和幫忙

〔你的名字〕

第11章　社群媒體貼文範本

謎語大挑戰！好膽你就來……（解開謎底可以得10分）

什麼東西能提高你的注意力，減輕壓力，增進同理心，改善心理健康和人際關係？而且，它不需要任何經驗，所花的時間甚至比看一集你最愛的節目還短？

猜到了嗎？謎底當然就是「冥想」。你聽過冥想的各種益處，說不定也曾對自己說過……「我**應該**試試冥想，但誰有時間做這種活動，又該怎麼開始呢？」

我以前也有同樣的問題，但在一些出色老師的幫助下，我從三年前開始冥想。從那時起，我的每一個生活面向幾乎都有了大大的改善，這樣說真的一點也不為過！

我也希望你有這樣的體驗！因此，我設計了一套冥想導引，非常適合初學者每天使用，作為重新連結內在、盡情享受過程的方法，不會讓你有哪裡做錯的感覺。現在，我要分享一些祕訣，讓你知道即使忙得不可開交，每天也依然能挪出五分鐘讓自己集中心神並減少壓力，但名額有限。

想加入嗎？

我提供十個由我親自個別指導的名額。

在上課過程中，你會找出你無法將冥想變成習慣的最大原因，還有這種簡單的活動如何能夠改善你的個人和職業生活，而課程結束時，你就會學到一個馬上可以執行的每日冥想功課。

你值得體驗冥想為身心帶來的各種益處。

這個簡短的冥想練習所創造的改變會帶給你意想不到的驚喜，如果你已經準備好接受這份驚喜，請直接私訊我瞭解更多資訊。這十個名額非常搶手，快別猶豫了，我等你私訊！

第11章　電子郵件宣傳公告範本

〔學員名字〕你好：

〔你的教練指導課程或服務會幫學員實現的目標〕似乎一直是你〔敘述過去是什麼阻礙了他們實現你所承諾的成果〕？

我以前就有這種感覺，尤其是在我〔你要他們採取的行動〕時，總覺得〔描述你以前也經歷過的困擾〕。〔詳加說明你在找到解決之道前所經歷的痛苦〕。你是不是有這種體會？

如果你也有同感，我想讓你知道〔給他們希望，分享你如何走出這種困境〕。〔分享你如何發現解決之道，以及這個方法為你帶來什麼可能性〕。我希望你也可以有同樣的體驗。

現在我要提供限量〔開放名額的數量〕個〔一對一教練／團體培訓／諮詢／服務的名稱〕的名額，透過〔描述切實可行的做法〕，讓你清楚理解〔描述你傳授的內容〕。

如果你渴望得到更多〔列舉幾個你的方案可協助學員獲得的益處〕，即使碰到〔他們可因此擺脫的常見障礙或藉口〕也依然有效，那麼我的〔教練指導／服務的名額〕正是為你量身而打造！

點擊這裡回覆此郵件，即可為你保留名額，你會得到〔填上你的服務令他們獲益的地方，並將這整句話連結到你的電子郵件地址〕。

有鑑於〔描述你的方案對目標市場中其他人可能產生的影響〕，我想邀請你將此資源分享給〔描述你希望學員將消息分享給哪些類型的人〕這些你認為也能從中獲益的人。

請直接轉發這封郵件給你的朋友、家人和同事，將這個好機會勢必會創造的〔描述他們會感受到的情緒，譬如平靜和快樂〕氛圍散播出去。

再次提醒你，只需按「回覆」即可獲得由我親自進行的〔一對一教練指導／團體培訓／服務〕，報名從速，以免向隅！

〔你的簽名〕

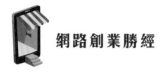

第12章　自動確認電子郵件範本

主旨：太好了！你參加〔工作坊名稱〕工作坊的名額保留成功！

郵件內文：

〔學員名字〕你好！我太興奮了，你的線上座位已經保留成功，即將參加我舉辦的直播工作坊，希望你也像我一樣迫不及待要探索〔描述工作坊的主題〕！

接下來該怎麼做呢？請務必在你的行事曆上標記工作坊的開課日期和時間，記得準時收看直播。

另外，培訓課程將進行錄製，屆時會提供重播的權限給你，不過收看直播可享有特殊福利，你不但可以即時向我提問，而且更有可能迅速執行並獲得你追求的成果。

課程的詳細資訊如下：

開課時間：〔日期〕〔時間（包括時區）〕
課程長度：1小時
課程地點：線上！開課前二十四小時將發送加入課程的連結給你。

在開課之前，不妨大膽想像一下你達到〔描述學員參加你的工作坊後將實現的目標或轉變〕的模樣！我們有很大的夢想要實現！

〔你的簽名〕

附註：在培訓開始之前，我希望你先〔填入學員在參加工作坊前應該完成的練習、指示、功課或研究〕。**再附註**：提醒你，我將在〔日期〕，也就是開課前二十四小時發送工作坊直播的連結給你！這場培訓一定會令你驚豔不已，我迫不及待想和你分享！

第12章　發布於IG的工作坊宣傳貼文範本

真相在此：你所在的實體環境對你內在的環境有著巨大的影響，所以當我一對一和客戶合作精簡他們的衣櫥，只保留符合他們氣質又能發揮多種用途的主要造型服飾後⋯⋯

我對於他們因此獲得「心靈平靜」的額外好處，其實一點也不覺得意外。

說清理衣櫥（或衣櫃⋯⋯或堆在沙發上的衣服）對一個人的心理健康會有莫大影響，這句話聽起來或許有點誇張。

但請聽我說──

人的心靈每天備有一定的容量，用到極限之後會怎麼樣呢？

這個嘛，你會心神疲憊，然後出現以下類似狀況⋯⋯

總是對隨意扔在地板上那些還未摺好的衣物感到愧疚──**才剛洗好的衣服，現在又皺巴巴的，可是我太累了，先不管了。**

一整天都在做決定,最後變成「決定疲勞」——**我應該幫孩子準備花生醬加果醬三明治,還是蔬果丁呢?如果穿了這件開襟衫出門,會毀掉我的整體造型,但不穿的話會不會不夠保暖?**

明知道衣服多到爆滿,但是穿來穿去還是千篇一律的襯衫配緊身牛仔褲。

聽起來是不是很熟悉?

事實上……這會消耗你的精力。(而且過程一點也不好玩。)

我想我們都知道,你已經準備好迎接改變了。

這正是我的新工作坊「去蕪存菁——打造膠囊衣櫥」派上用場的地方。這個工作坊完全著重於整理你的衣櫥,終結雜亂,替你打造精簡完美的膠囊衣櫥。

喔耶!而且我們還會用極其優雅的方式來做。

你會從這個工作坊學到以下內容:

· 什麼是膠囊衣櫥以及如何打造
· 如何找出你的主要風格並挑選穿搭
· 去蕪存菁的實際做法(並非只是隨便扔掉衣服!)
· 讓你不必傷腦筋就能輕鬆打造迷人風格的衣物最佳整理術

如果你現在正盯著一個洗衣籃,裡面裝滿了你多年未穿的舊上衣和不合身的牛仔褲(奇怪,這些衣物怎麼會出現在洗衣籃裡?)……

點擊這裡 → URL.com/workshop 立即預訂「去蕪存菁——打造膠囊衣櫥」課程的線上座位！

現在只要九十七美元，三月一日下午四點（東部標準時間）準時開課！

到時候見！

第12章　工作坊邀請電子郵件範本

主旨：〔新培訓課程〕學習如何規劃新一年的商業目標

郵件內文：

我知道一年又溜走了是什麼感覺……而且你發現事業「仍然」沒有達到你的目標。

也許是沒有賺到你設定的收入水準。

或者是你始終沒有設計出那個新產品。

又或許大量的客戶工作壓得你抽不了身，沒辦法去銷售令你興奮已久的方案。

嘿，我都懂，我自己也經歷過這種情況。

讓我給你一個大大的擁抱，同時也要提醒你多疼惜自己一點。經營事業很辛苦，你做得非常出色。<3

然而我知道，如果再蹉跎一年的話，你恐怕會懷疑自己是否真的適合創業這條路。

或是考慮該不該妥協，繼續做一對一的工作直到天荒地老，困在用時間換取報酬的無限循環之中。（至少有在賺錢，對吧？）

又說不定你覺得應該繼續做全職工作，熬夜加班，因為這至少是在拚命工作，對吧？呃……千萬別這樣想。

我有個好消息：正是現在這一刻，你有能力打破這個循環，讓來年成為你迄今為止獲利最豐的一年。

你只需要……一點點戰略規劃。

沒錯，即使你沒有可銷售的產品或服務（將來會有！）。

沒錯，即使你覺得每一種產品都有人製作或銷售過（其實並不是全部），或是競爭太激烈，沒有你發展的位置（實際上是有的）。

沒錯，即使自我宣傳讓你覺得彆扭至極，或者到目前為止你做的宣傳都沒有達成預期目標。

我就把話說明白吧，如果你準備好把來年變成實現這些驚奇夢想的一年……

我已經在這裡等候你了。

十一月二十日上午十點（太平洋標準時間），我將舉辦一個全新的直播工作坊，屆時我將為各位揭曉我如何制定事業的各個年度計畫來實現目標，不需要拼死拼活地工作。

我要偷偷告訴你一個小祕密：

制定年度事業計畫是我從創業新手進化到能夠建立成功事業的關鍵助力。

有鑑於此，我會一步步用活潑有趣的方式向你展示我是如何做到的。

在我從旁協助下，你就能宣告目標並開始規劃你主要的工作項目，除此之外，我有各種能幫你獲利的計畫祕訣，全都能傳授給你，讓你永久使用，這些只需花九十七美元就能一次擁有。

提醒一下：這是早鳥優惠，價格將於「本週五」調回原價，現在就把握機會！

我會在這個直播工作坊帶著你探索以下內容，結束前會開放問答：

· 我制定年度計畫和季度目標的每一個「確切」步驟，包括我使用的各種腦力激盪活動和流程。
· 制定財務目標的神奇技巧（我個人超愛這個技巧，因為它會激發你更大膽地夢想）。
· 足以改變大局的公式，用於精算數字，並將你的方案和宣傳活動直接與你的收入目標串連起來。

・我用來製作宣傳行事曆的祕技，譬如在行事曆中巧妙地空出「休息」時間，對觀眾來說你才不會顯得「行銷味太濃」。

・以及更多其他內容。

難道你不覺得現在應該清楚知道自己想做什麼事業了嗎？

（盡情試錯並從中摸索是很好玩沒錯！）

不過我想幫你略過這段學習曲線，盡快開始採取大膽又有自信的行動，把錢賺進來。

我可以打包票，這沒你想像中那麼難。

請給我機會向你證明吧！

點擊這裡瞭解工作坊的詳細資訊和報名參加，**課程價格將於「本週五」調回原價，請把握早鳥優惠，以免錯過這個好機會！**

〔你的簽名〕

附註：我相信這會是你大放光芒的一年。在迎接來年的同時，應該立刻展開行動，而這門直播培訓課有助於你實現目標。

第12章　工作坊結束後的電子郵件範本

主旨：哇呼！那次培訓可能會名留青史……

郵件內文：

嗨，〔學員名字〕！如果你參加了我們這次的直播工作坊培訓，肯定明白它有多麼精彩。我們探討了許多內容，如果你因爲過程中狂寫筆記，以致於現在手很酸痛，今天請務必花點時間冰敷一下;)

如果你錯過了這次培訓，別擔心。如我先前所承諾的，我們錄製了培訓課程，現在已經可以供你觀看，請點擊〔影片的觀賞連結〕（觀看密碼是：〔密碼〕）。

如果你瞭解我，肯定知道我會額外提供一些資源，包括〔列出額外資源的名稱與連結，譬如你爲學員準備的PDF指南〕，供你搭配工作坊使用。

所以快把握機會吧！今天就來這裡收看重播，探索我們的培訓課程，我相信你一定會喜歡。

在我離開前，想給你一個挑戰。等你看完培訓之後，請到IG私訊我（我的IG帳號是〔IG帳號〕），告訴我你打算在課後四十八小時內實行的一個要點，我會成爲你的砥礪夥伴。:)

期待著收到你的回音！

〔你的簽名〕

附註：如果你沒有參加直播，請點擊這裡觀看工作坊培訓的重播（觀看密碼是：〔密碼〕）。別猶豫了，課程精彩萬分，值得你馬上行動！

謝誌

　　喔，我的老天，這本書絕對不只屬於我，我要在此特別感謝那些對我一路相挺的人。首先我必須謝謝我帥氣的丈夫荷比，當我在這趟冒險之旅闖蕩時，多虧他撐起我們的生活。我想你有時候肯定想過「寫這本書眞的是好事嗎？」但你從未表露這個想法。你是我的天使，我一如既往，只有更愛你而已。

　　接下來我要感謝我不可思議的團隊。我何其有幸？你們從一開始就爲我加油打氣，甚至早就深信我會讓這本書誕生，遠在我相信自己之前。感謝你們的愛、支持，還有爲我們的事業注入源源不絕的貢獻。我必須特別感謝珍・戈德史密斯（Jenn [Jawes] Goldsmith），她是我的得力助手，從第一個字到最後的句點，全程陪我戰鬥到底。如果沒有你，我無法做到這一切，你的冷靜沉著、從旁支持鼓勵，以及對我們內容的瞭如指掌，鞭策著我們不斷向前邁進。還記得我打電話向你訴苦，說我做不到的那些情景嗎？你認眞傾聽我哭訴，然後又繼續把我推出去；我全心全意感謝你。我非凡的行政助理克莉絲汀・諾道夫（Christine Nondorf），她在我人生中最忙碌的階段（不折不扣的老闆！）把我和我的行程管理得妥妥貼貼。眞不知道你怎麼辦到的，但你做得太棒了！克洛伊・拉特傑（Chloe [Cho] Rathje），我們根本不

知道如何出書，可是你為這本書的出版所投入的心血卻有如真正的專家，謝謝你！多虧有你負責出書事宜，我才能展現最好的自己，為此我永遠感激不盡。

感謝我的家人，包括我的兒子凱德、我的母親貝弗莉、我的父親JB、我的繼母雪伊、我的姐姐崔西和她的家人羅伯、艾娃和蘭斯。我笨拙地在這個狂野的創業世界裡摸索時，你們始終以耐心和理解陪伴我，我無限感激。還記得我們在湖上的船中，我錄影片時，你們一邊翻白眼，一邊仍耐心等我完成工作（我知道你們大概聽我說「再給我五分鐘就好」一百萬次了！）；有時候在我碰到困難的時候，總會安撫我的心情。謝謝你們！

我有一些非常了不起的朋友，他們花時間陪我、慷慨地與我分享他們的智慧，在我沒辦法愛自己的時候給我愛。我要特別向茉莉·斯塔（Jasmine Star）、加比·伯恩斯坦（Gabby Bernstein）、詹娜·庫特切爾（Jenna Kutcher）、瑪麗·福雷歐（Marie Forleo）、傑米·克恩·利馬（Jamie Kern Lima）、科琳·克拉布特里（Corinne Crabtree）、梅爾·羅賓斯（Mel Robbins）、麥克·海雅特（Michael Hyatt）、斯圖·麥克拉倫（Stu McClaren）、珍·戈特利布（Jen Gottlieb）和朱莉·索羅蒙（Julie Solomon）致上我的謝意，感謝你們在我人生這個特殊的篇章給我的慷慨付出和陪伴。

我可靠的狗狗史考特，總在我腳邊陪著我寫下這本書的字字句句。我配不上你，但我真的好愛你。

致我的Folio作家經紀人團隊斯科特‧霍夫曼（Scott Hoffman）和史蒂夫‧特羅哈（Steve Troha），你們在整個過程中表現得精彩萬分，超乎想像地實現了我對出版這本書的期待。你們的耐心、指導和支持，無人能及。

致Hay House的團隊，你們讓我覺得自己好像中了大獎。很多年前，那時我完全沒想過寫書這件事，里德‧特雷西（Reid Tracy）請我吃午餐的時候告訴我，等我準備好，他會幫我出書，我沒想到他完全是認真的！看到這一切從無到有，真的太不可思議了。我的編輯麗莎‧鄭（Lisa Cheng）和凱莉‧諾塔拉斯（Kelly Notaras），你們二位就是有辦法讓我的文稿變得更清晰、精緻和流暢，而我知道這並不容易。我極度仰賴二位陪我走過這一段歷程，謝謝你們耐心又優雅地指引我。

最後也是最重要的，親愛的讀者，我要感謝你。我是你最大的粉絲，我知道你有成就偉大的潛力，在你準備好全心全意相信自己之前，我會一直為你加油喝采、堅定地相信你。我愛你，從地球到月亮，再繞回來！

網路創業勝經

註釋

作者序

1. The World Bank, "Labor force participation rate, female (% of female population ages 15+) (modeled ILO estimate)," data retrieved on February 8, 2022, https://data.worldbank.org/indicator/sl.tlf.cact.fe.zs?end=2019&start=1990&view=chart

2. "Women CEOs of the S&P 500," Catalyst, last updated March 25, 2022, https://www.catalyst.org/research/women-ceos-of-the-sp-500/#:~:text=*%20Women%20currently%20hold%2032%20(6.4,at%20those%20S%26P%20500%20companies.&text=Corie%20Barry%2C%20Best%20Buy%20Co.%2C%20Inc.

3. Dominic Barton, "It's Time for Companies to Try a New Gender-Equality Playbook," *The Wall Street Journal*, September 27, 2016, https://www.wsj.com/articles/its-time-for-companies-to-try-a-new-gender-equality-playbook-1474963861.

4. "2022 State of the Gender Pay Gap Report," Payscale, accessed March 2022, https://www.payscale.com/research-and-insights/gender-pay-gap/.

5. Cary Funk and Kim Parker, "Women and Men in STEM Often at Odds Over Workplace Equity," Pew Research Center, last modified January 9, 2018, https://www.pewresearch.org/social-trends/2018/01/09/women-in-stem-see-more-gender-disparities-at-work-especially-those-in-computer-jobs-majority-male-workplaces/.

Chapter 7

1. Edison Research, "The Infinite Dial," Edison Research, last modified March 11, 2021, https://www.edisonresearch.com/the-infinite-dial-2021-2/.

2. "VNI Complete Forecast Highlights," Cisco, last modified 2016, https://www.cisco.com/c/dam/m/en_us/solutions/service-provider/vni-forecast-highlights/pdf/Global_2021_Forecast_Highlights.pdf.

3. GMI Blogger, "YouTube User Statistics 2022," Global Media Insight, last modified April 18, 2022, https://www.globalmediainsight.com/blog/youtube-users-statistics/.

4. Sofia Cardita and Joao Tome, "In 2021, the Internet went for TikTok, space and beyond," *The Cloudflare Blog*, last modified December 20, 2021, https://blog.cloudflare.com/popular-domains-year-in-review-2021/.

5. Peter Bregman, "How (and Why) to Stop Multitasking," *Harvard Business Review*, May 20, 2010, https://hbr.org/2010/05/how-and-why-to-stop-multitaski#:~:text=In%20 reality%2C%20our%20productivity%20goes,ve%20become%20good%20at%20it.

6. David Strayer and Jason Watson, "Supertaskers: Profiles in extraordinary multitasking ability," *Psychonomic Bulletin & Review* 17, no. 4 (August 2010): 479–85, https://pubmed. ncbi.nlm.nih.gov/20702865/.

7. Gloria Mark, "The Cost of Interrupted Work: More Speed and Stress," University of California, Irvine, https://www.ics.uci.edu/~gmark/chi08-mark.pdf.

Chapter 8

1. Direct Marketing Association (DMA) and Demand Metric, "2016 Response Rate Report," July 28, 2016.

Chapter 10

1. Hootsuite and We Are Social, "Digital 2022 Global Overview Report," last modified on January 2022, https://hootsuite.widen.net/s/gqprmtzq6g/digital-2022-global-overview-report.

實用知識95

網路創業勝經：網路行銷大師的13堂創業課，讓你的點子變現金，走上自主職業生涯
Two Weeks Notice: Find the Courage to Quit Your Job, Make More Money, Work Where You
Want, and Change the World

作　　　者：艾美‧波特菲爾德（Amy Porterfield）
譯　　　者：溫力秦
責任編輯：王彥萍
校　　　對：王彥萍、唐維信
封面設計：萬勝安
版型設計：王惠葶
排　　　版：王惠葶
寶鼎行銷顧問：劉邦寧

發 行 人：洪祺祥
副總經理：洪偉傑
副總編輯：王彥萍
法律顧問：建大法律事務所
財務顧問：高威會計師事務所
出　　　版：日月文化出版股份有限公司
製　　　作：寶鼎出版
地　　　址：台北市信義路三段151號8樓
電　　　話：(02)2708-5509 / 傳　　真：(02)2708-6157
客服信箱：service@heliopolis.com.tw
網　　　址：www.heliopolis.com.tw
郵撥帳號：19716071 日月文化出版股份有限公司

總 經 銷：聯合發行股份有限公司
電　　　話：(02)2917-8022 / 傳　　真：(02)2915-7212
製版印刷：軒承彩色印刷製版股份有限公司
初　　　版：2025年01月
定　　　價：420元
I S B N：978-626-7516-86-7

Two Weeks Notice: Find the Courage to Quit Your Job, Make More Money, Work Where You Want,
and Change the World
Copyright © 2023 by Amy Porterfield, Inc. Published by arranged with Folio Literary Management,
LLC and The Grayhawk Agency

國家圖書館出版品預行編目資料

網路創業勝經：網路行銷大師的13堂創業課，讓你的點子變現
金，走上自主職業生涯 / 艾美‧波特菲爾德（Amy Porterfield）
著 .- - 初版 . --
臺北市：日月文化出版股份有限公司, 2025.01

320面；16.7×23公分 . -- （實用知識；95）

譯自：Two Weeks Notice: Find the Courage to Quit Your
　　　Job, Make More Money, Work Where You Want, and
　　　Change the World
ISBN 978-626-7516-86-7（平裝）

1. CST：電子商務　2 .CST：創業　3. CST：網路行銷

490.29　　　　　　　　　　　　　　　113017489

日月文化集團
HELIOPOLIS
CULTURE GROUP

感謝您購買　**網路創業勝經**
網路行銷大師的13堂創業課，讓你的點子變現金，走上自主職業生涯

為提供完整服務與快速資訊，請詳細填寫以下資料，傳真至02-2708-6157或免貼郵票寄回，我們將不定期提供您最新資訊及最新優惠。

1. 姓名：＿＿＿＿＿＿＿＿＿＿＿　　性別：□男　　□女

2. 生日：＿＿＿＿年＿＿＿＿月＿＿＿＿日　　職業：＿＿＿＿

3. 電話：（請務必填寫一種聯絡方式）

　　（日）＿＿＿＿＿＿＿（夜）＿＿＿＿＿＿＿（手機）＿＿＿＿＿＿＿

4. 地址：□□□＿＿＿＿＿＿＿＿＿＿＿＿＿＿＿＿＿＿＿＿＿

5. 電子信箱：＿＿＿＿＿＿＿＿＿＿＿＿＿＿＿＿＿＿＿＿＿

6. 您從何處購買此書？□＿＿＿＿＿＿縣/市＿＿＿＿＿＿書店/量販超商

　　□＿＿＿＿＿＿網路書店　　□書展　　□郵購　　□其他

7. 您何時購買此書？　　年　　月　　日

8. 您購買此書的原因：（可複選）
　　□對的主題有興趣　　□作者　　□出版社　　□工作所需　　□生活所需
　　□資訊豐富　　　□價格合理（若不合理，您覺得合理價格應為 ＿＿＿＿＿ ）
　　□封面/版面編排　　□其他 ＿＿＿＿＿＿＿＿＿＿＿＿＿＿

9. 您從何處得知這本書的消息：　□書店 □網路／電子報 □量販超商 □報紙
　　□雜誌 □廣播 □電視 □他人推薦 □其他

10. 您對本書的評價：（1.非常滿意 2.滿意 3.普通 4.不滿意 5.非常不滿意）
　　書名＿＿＿＿　內容＿＿＿＿　封面設計＿＿＿＿　版面編排＿＿＿＿　文/譯筆＿＿＿＿

11. 您通常以何種方式購書？□書店　□網路　□傳真訂購　□郵政劃撥　□其他

12. 您最喜歡在何處買書？
　　□＿＿＿＿＿＿縣/市＿＿＿＿＿＿書店/量販超商　　□網路書店

13. 您希望我們未來出版何種主題的書？＿＿＿＿＿＿＿＿＿＿＿＿＿＿

14. 您認為本書還須改進的地方？提供我們的建議？

＿＿＿＿＿＿＿＿＿＿＿＿＿＿＿＿＿＿＿＿＿＿＿＿＿＿＿＿

＿＿＿＿＿＿＿＿＿＿＿＿＿＿＿＿＿＿＿＿＿＿＿＿＿＿＿＿

＿＿＿＿＿＿＿＿＿＿＿＿＿＿＿＿＿＿＿＿＿＿＿＿＿＿＿＿

＿＿＿＿＿＿＿＿＿＿＿＿＿＿＿＿＿＿＿＿＿＿＿＿＿＿＿＿

日月文化集團
HELIOPOLIS
CULTURE GROUP

客服專線 02-2708-5509
客服傳真 02-2708-6157
客服信箱 service@heliopolis.com.tw

日月文化集團 讀者服務部 收

10658 台北市信義路三段151號8樓

對折黏貼後，即可直接郵寄

日月文化網址：**www.heliopolis.com.tw**

最新消息、活動，請參考 FB 粉絲團

大量訂購，另有折扣優惠，請洽客服中心（詳見本頁上方所示連絡方式）。

大好書屋

寶鼎出版

山岳文化

EZ TALK

EZ Japan

EZ Korea

大好書屋・寶鼎出版 BAODING・山岳文化・洪圖出版　EZ叢書館　EZ Korea　EZ TALK　EZ Japan